趣味科学大联盟

有趣得
让人睡不着的数学

2

[日]樱井进（桜井 進）◎著

马永平◎译

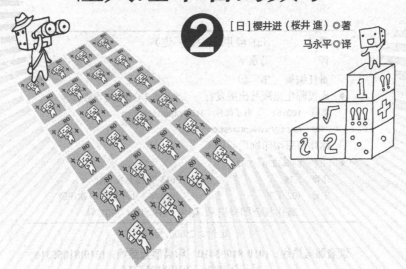

人民邮电出版社

北京

图书在版编目（ＣＩＰ）数据

有趣得让人睡不着的数学. 2 /（日）櫻井进著；马
永平译. -- 北京 ：人民邮电出版社，2015.10（2023.2重印）
（趣味科学大联盟）
ISBN 978-7-115-39625-9

Ⅰ. ①有… Ⅱ. ①櫻… ②马… Ⅲ. ①数学—普及读
物 Ⅳ. ①01-49

中国版本图书馆CIP数据核字(2015)第227638号

版权声明

◆ 著　　　　[日] 櫻井进（桜井 進）

　　译　　　　马永平

　　责任编辑　韦　毅

◆ 人民邮电出版社出版发行　　北京市丰台区成寿寺路 11 号
　　邮编　100164　电子邮件　315@ptpress.com.cn
　　网址　https://www.ptpress.com.cn
　　涿州市京南印刷厂印刷

◆ 开本：880×1230　1/32
　　印张：5.25　　　　　　　2015 年 10 月第 1 版
　　字数：102 千字　　　　　2023 年 2 月河北第 29 次印刷
　　著作权合同登记号　图字：01-2014-7507 号

定价：29.00 元

读者服务热线：(010)81055410　印装质量热线：(010)81055316
反盗版热线：(010)81055315
广告经营许可证：京东市监广登字 20170147 号

内容提要

关于数学，还有很多在教科书里的公式和特定的计算步骤之外的故事。本书着眼于潜藏在谜题般的问题中的数学游戏，探求隐藏在日常生活中的无所不在的数学知识，从植物王国中的奇异数列到智能手机的屏幕解锁，从人类掌握小数点的经历到关于"数"和"数字"的误区，带我们体验转换考虑问题的角度之乐趣！

本书作者是日本畅销书作家樱井进。在这本书中，他带着我们走进数字与图形的殿堂，玩最有趣的数字游戏，体味"数"的奥秘！只要你有一颗认真看待数字的心，你就会读到世界上最美最有趣的数学故事，还能寻找到别人尚未发现的风景！

前　言

请看封面图片。

"要剪开连在一起的多枚邮票，至少要剪几次？"

对于这样的问题，可能多数人首先考虑的是"从哪儿剪"和"怎么剪"。

然而，这个问题的关键不在这里。最重要的是第一次剪开后，两片邮票分别会变成什么样。

我经常听到有人说"想培养自己的数学思维"，其实比这更重要的是，我们应该懂得转换考虑问题的角度。

在此我想呈现给大家的解决方法就是转换考虑问题的角度。学会数学思维并不仅仅意味着能够解开难题，还应该包括体验多角度思维下解题的乐趣。

无论动机如何，关键是应该爱上数学。

作为科学导航员，我希望能够为尽可能多的人指出一条进入科学领域的途径，并让他们在数学方面获得进步。

数学非常有趣，古今中外数千年来人类从未停止过与数学打交道。所谓的"从事数学工作"就是要构建数学语言，并用数学正确解析生活中的一些现象，从而达到发现和解决新问题的目的。

一旦走进数字与图形的殿堂，人们一定会为展现在自己眼前的无数问题而心动不已，废寝忘食地埋头解题，进而发现这个世界最大的乐趣——玩数字游戏。

数学又非常难。我们都是抱着探究游戏攻略的态度去体味数的奥秘，解开新难题，以进一步推动数学向前发展。因此，可以说数学就是凝聚了这个时代最优秀智慧的宝贵的知识财富。

换言之，数学的难度就在于它是人类历经数千年的不断挑战而积累下来的一笔财富。因此，如果看不到这一点，我们就会只关注数学的艰难，而忘却了它的巨大价值。

不能否认，由于数学太难，不少人在它面前变得望而却步。其实，正确的做法应该像我们对待体育或艺术一样，正因为它难，所以才觉得它更值得不断挑战。

面对数学，重要的是不应该考虑怎样才能使它变得简单，而是充分认识挑战它的价值。

数学也非常美。徜徉在数学的世界，我们不禁会为它所蕴含的智慧和美丽而折服，因为数学的世界里有着举世罕见的和谐与美丽。我们从来没有因为数学太难而放弃它，相反，数千年来，人类运用自己的无穷智慧塑造出了数学无与伦比的独特之美。

数学不仅是宝贵的知识财富，也是最优秀的艺术瑰宝。

没有什么比数学更有用的东西了。数学艺术与一般艺术的最大区别在于它的"概念"。

"数字与图形"（数学）是概念，"色彩与感情"（艺术）也是概念。概念产生于我们的大脑，存在于我们的思维之中。但"数字与图形"跟"色彩与感情"之间的根本区别就在于数字与图形能够反映事物的共性。

能与别人一起对概念进行比较并分享比较的乐趣，实在难能可贵。正因为如此，数学才能成为最普通的语言，被世人广泛接受。历史证明了这一点，在学术、艺术、商业以及制造等领域，数学都发挥了无可替代的巨大作用。

毫无疑问，数学是迷人的。

一个人在面对长长的一连串数字时的确会感到十分头疼，那就让科学导航员来带领你走进"数"的世界吧。

数学是从哪里来的？

回顾历史，我们能够发现数学的踪迹。

人类为什么需要数学？

数在我心。

计算好比旅行，

在等号的轨道上，算式的列车奔驰向前。

旅人心中满怀梦想，

追求浪漫无尽的计算旅程，

为寻找不曾相识的风景，今天再度启程。

目 录

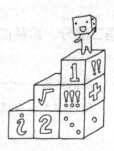

第一部分

世界是由数学构成的

向日葵中的奇异数列

葵花与松果的共同点

日常生活中我们司空见惯的植物，如美丽可爱的花朵，柔嫩的绿叶，随风摇曳的树枝，这些能给人们心灵带来安慰的植物竟然也隐含着数的奥秘。

下面就让我们一起来探究植物世界里数的真相吧。

向日葵是由数千朵小花构成的，这些小花的排列方式包含着令人惊异的数字奥秘。

只要仔细观察这些小花，就会发现它们的排列方式是分为左右两个方向并呈螺旋状的。

请看下图。

◆向日葵小花的排列方式

左旋方向55朵

右旋方向34朵

再看向日葵以外的其他植物。

松树的种子松果也呈螺旋状排列。

松果的鳞片和鳞片之间也是分左右两个方向螺旋状排列。仔细观察可以发现，左旋方向有 8 片，右旋方向有 13 片，进一步仔细观察，其中右旋方向的 5 片也呈螺旋状。

有趣的是，所有向日葵、所有松果的螺旋数都一样。如果你的旁边有向日葵或者松果，可以马上确认一下。

◆松果的螺旋形状

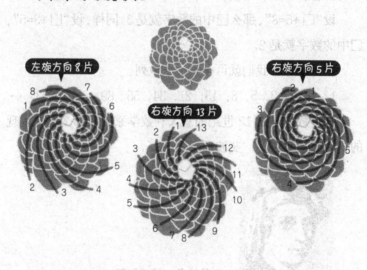

植物的排列及其规则

接下来我们观察一下植物叶子的长法。

从植物正上方看下去，我们会发现叶子与叶子之间都是错开生长的，相互之间尽量不重叠，在一根树枝上呈螺旋状向上生长，相隔若干片之后再以这种方式排列着生长。

这里的"若干片"可能会是5，8，13，21，…

我们整理一下前面提到的植物花、果、叶的相关数字。

5，8，13，21，34，55

乍一看这些数似乎比较凌乱，没有规律，实际上它们是有内在规律的。这些规律是什么呢？

5+8=13，8+13=21，13+21=34，21+34=55

再看看小于5的数。

设"□+5=8"，那么□中的数字就是3。同样，设"□+3=5"，□中的数字就是2。

如此推导，我们就可得到一个数列。

1，1，2，3，5，8，13，21，34，55，89，144，233，…

这个数列是由12世纪的意大利数学家斐波那契首先发现的，因此被命名为"斐波那契数列"。

列昂纳多·斐波那契
（1170年前后—1250年前后）

斐波那契数列与黄金分割

从"1"和"1"开始，不断将"1，1，2，3，5，8，13，21，34，…"之中的前两个数字相加而得出的数列就是斐波那契数列。

这个数列同样可见于树木分枝。

◆ **树木分枝中也包含斐波那契数列**

13 个分枝

8 个分枝

5 个分枝

3 个分枝

2 个分枝

1 个分枝

1 个分枝

此数列中还隐藏着一个秘密。下面就让我们一起来探寻这个秘密吧。

我们来计算一下后面的数字是前面数字的多少倍。

$1 \div 1 = 1$

$2 \div 1 = 2$

$3 \div 2 = 1.5$

$5 \div 3 = 1.666\cdots$

$8 \div 5 = 1.6$

$13 \div 8 = 1.625$

$21 \div 13 = 1.615 \cdots$

$34 \div 21 = 1.619 \cdots$

$55 \div 34 = 1.617 \cdots$

$89 \div 55 = 1.618 \cdots$

$144 \div 89 = 1.617 \cdots$

$233 \div 144 = 1.618 \cdots$

从以上结果中我们可以发现一个规律，即相邻两数之比（后数 ÷ 前数）逐渐接近 1.618…

按照斐波那契数列推算，接下来的数应该是 144+233，即 377。我们再往下计算。

$233 + 377 = 610$

$377 + 610 = 987$

$610 + 987 = 1\ 597$

再计算一下相邻两数的商。

$377 \div 233 = 1.618 \cdots$

$610 \div 377 = 1.618 \cdots$

$987 \div 610 = 1.618 \cdots$

$1\ 597 \div 987 = 1.618 \cdots$

果然都是 1.618…

1.618…就称为"黄金分割率",用希腊字母"φ"表示。

黄金分割率是破解植物世界普遍存在的斐波那契数列现象的关键。

黄金分割与黄金角

斐波那契数列(1,1,2,3,5,8,13,…)相邻两数之比逐渐接近 1:1.618 033 988 7…,这个比值就称为"黄金分割率"。

下面我们就运用黄金分割来切分一段直线。

先以线段为周长画圆,圆的一周等于 360°。在此圆周长上按黄金分割率在相当于 1 的地方进行切分,所得周长线段对应的圆心角的角度则为 137.507 7…°(以下近似为 137.5°)。此角因按黄金分割率切分周长得到,故称"黄金角"。

◆斐波那契数列中的黄金分割率

斐波那契数列	
1	× 1.000 000 000 0…
1	× 2.000 000 000 0…
2	× 1.500 000 000 0…
3	× 1.666 666 666 6…
5	× 1.600 000 000 0…
8	× 1.625 000 000 0…
13	× 1.615 384 615 3…
21	× 1.619 047 619 0…
34	× 1.617 647 058 8…
55	× 1.618 181 818 1…
89	× 1.617 977 528 0…
144	× 1.618 055 555 5…
233	× 1.618 025 751 0…
377	× 1.618 037 135 2…
610	× 1.618 032 786 8…
987	× 1.618 034 447 8…
1 597	

不断接近黄金分割率 1.618 033 988 7…

◆黄金分割与黄金角

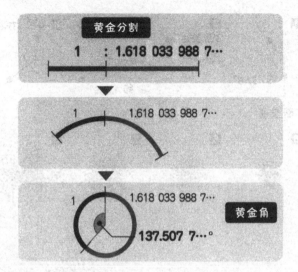

事实上，这个黄金角就是向日葵美丽开放的秘诀。

向日葵由很多小花组成，这些小花先从中心开始生长，然后逐渐向外扩展。

如下图所示，接下来的小花是生长在转过 137.5° 后的位置上，下一朵也同样，从前一朵的位置再转过 137.5°，依此类推，按照右旋和左旋两个方向呈螺旋状重复排列。

◆向日葵的小花按黄金角排列

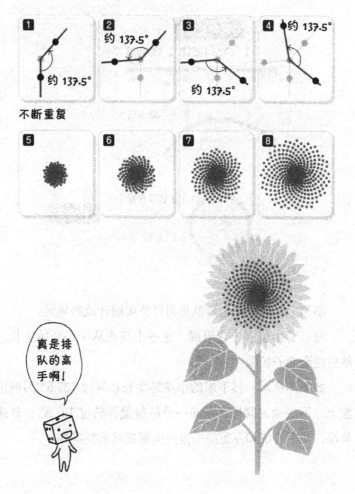

如此排列的好处在于"可以不留任何缝隙，充分利用所有空隙"。假如不是137.5°，哪怕只差1°，小花之间也会产生缝隙，就不会生长得如此紧密了。在此，我们不得不佩服向日葵开花的合理性。

向日葵利用黄金角原理尽可能多地开放花朵，培育果实，为自己留下更多的子孙。

这就是与斐波那契数列相关的自然之美和数的世界。

植物为了生存并延续后代，竟悄然利用了如此美妙的规则。

世间万物的内部一定隐含着很多有关数的秘密。

每当我看到路边的一草一木，便会产生这般联想。

一笔写出的数字

挑战数学竞猜

让我们培养自己的数学思维！

我经常听到文科学生或学文出身的社会人士希望掌握数学思维的呼声，他们想知道怎样才能学会运用数学思维。

他们迫切希望提高自己的数学成绩、提高工作效率、培养自己的逻辑思维能力。可见，无论是在学习还是工作中，数学能力的确都非常重要。

要掌握数学思维，最关键的就是要学会转换考虑问题的角度。在这里我准备了一些非常适合练习转换考虑问题角度的数学习题。

为了提高数学能力，也为了活跃大脑，请尝试解答下面的问题。

怎样剪开 24 枚连在一起的邮票？

问题：24 枚连在一起的邮票（横向 6 枚，纵向 4 枚），至少需要几次才能完全剪开？注意：不能将邮票叠在一起剪。

横向6枚 × 纵向4枚的邮票

提示

剪 1 次邮票将其分为 2 个部分

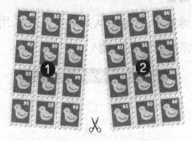

剪 2 次邮票将其分为 3 个部分

回答：23 次。

很多人看到这个题目后,可能首先考虑的是"横着剪好呢,还是竖着剪好"。其实,这道题的关键不是剪法。

要将连在一起的邮票剪开,剪1次邮票分为2个部分,剪2次分为3个部分,剪3次分为4个部分,即每剪1次邮票分开的部分数就增加1。

于是,我们可以知道,要想把24枚邮票完全剪开,剪切的次数只比邮票的总数少1。也就是说,用此方法完全剪开 n 枚邮票,需要剪切的次数为 $n-1$。

所以,完全剪开连在一起的24枚邮票必须剪23次。

共需几场比赛?

问题:足球比赛参赛球队共8支,如采用淘汰赛制,最终决出冠军共需进行几场比赛?

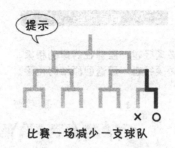

比赛一场减少一支球队

回答：7场比赛。

与前一个问题的思考方法相同。

淘汰赛制中每场比赛必有一支球队遭到淘汰，除冠军队外，其他7支球队都将在某场比赛中因失利而遭到淘汰。由此可以得知，全部比赛的场次只比参赛球队总数少1，即：n支球队参赛的淘汰赛比赛场数等于$n-1$。

因此，8支球队参赛的淘汰赛比赛场数为：8-1=7。

柯尼斯堡七桥与一笔画问题

问题：普列戈利亚河流经东普鲁士柯尼斯堡市区，河心有两个小岛，小岛与河流两岸之间架有7座桥梁。在所有桥梁都只能走一遍的前提下，你能否回到出发点？（出发点可任意选择。）

世界是由数学构成的

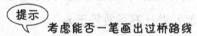

回答：不能。

这就是著名的"柯尼斯堡七桥"问题。

其实"只能走一遍"与"一笔画"是同一个问题。

莱昂哈德·欧拉在 1736 年发表的论文中非常明确地告诉人们，这个问题的实质就是"能否一笔画出'以河心小

岛为点，以河岸为边'的图形"，他的答案是：不能。也
就是说，在每座桥梁只能走一遍的前提条件下，人们不可
能回到出发点。

莱昂哈德·欧拉（1707—1783）

　　假设可以一笔画出这个图形，那么画笔就必须在起点及
终点以外的某个点上经过两次，既"进"又"出"，形成偶
数线段。

◆ **欧拉的答案**

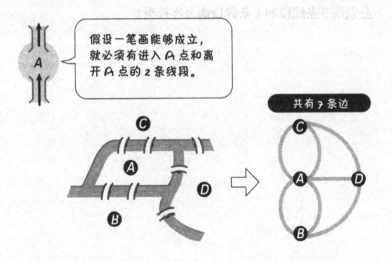

假设一笔画能够成立，
就必须有进入 A 点和离
开 A 点的 2 条线段。

共有 7 条边

上图为"柯尼斯堡七桥"简图，图中经过 A、B、C、D 任何一点的线段都是奇数条。

所以，一笔画是不可能做到的。也就是说，在每座桥梁只能走一遍的条件下，不可能回到出发点。

另外，欧拉的生日是 4 月 15 日，2013 年的这天，谷歌首页打出了象征欧拉诞辰 306 周年的标识，并配发了颂扬他所取得成就的图片，其中就包括我们这里提到的"柯尼斯堡七桥"。

智能手机的屏幕解锁也是一笔画问题

最后来看一个点与线的问题。智能手机的屏幕锁定功能共使用 9 个点，我们的问题就是关于这 9 个点的。

让我们以欧拉为榜样，通过转变考虑问题的角度来思考这个问题吧。

问题：能否用 4 条线段连接 3×3 排列的 9 个点？另外，分别用 3 条线段和 1 条线段能否连接呢?

◆如何用线段连接9个点?

能否分别用4条、3条、1条线段一笔连接?

例

用5条线段连接9点

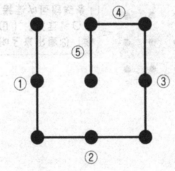

回答：

4条 线段

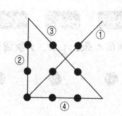

3条 线段

1条 线段

1条线段可以连接9个点，一口气连完。（用一根粗线，你看出来了吗？）

掷色子和扑克中数的秘密

掷色子和扑克简单有趣，想必很多人都玩过。下面介绍一下隐藏在其中的数的秘密。

掷出同点很难？

一对父子在玩掷色子。

👾 父：我出题了。掷两次色子，请猜两次各是几？

🙁 子：嗯……我猜第 1 次是 3，第 2 次是 4。

👾 父：是吗？那老爸两次都给你扔出 6 来。

🙁 子：哈哈，你敢跟我打这赌？你输定啦！两次都扔出 6？那可是同点啊，肯定很难。3 和 4 要容易得多。

◆ 掷色子的结果

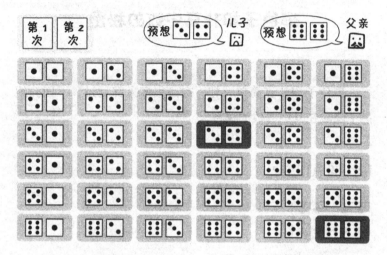

你是怎么考虑的呢？掷出同点很难吗？我们可以运用"组合"来考虑这个问题，请参考上图。

如图所示，掷色子的结果共有 36（6×6）种可能，其中父亲挑选的"6，6"和儿子挑选的"3，4"按照概率都是只出现一次。

因此，可以说两种选择的概率是一样的，儿子认为"同点很难"的观点不成立。

这种情况从数学的角度来讲就是：色子出现"6，6"的概率和"3，4"的概率完全相同，都是 1/36。

如果增加掷色子的次数，情况会不会发生变化呢？

假设掷 10 次，每次结果都要求是"6，6，6，6，6，6，6，

"6，6，6"。那么，实际掷出后，假如第1次是3，第2次是5……如此这般出现看似凌乱不堪的"3，5，1，4，5，6，6，2，2，4"结果的概率，其实与10次连续出现同点"6"的概率是相等的，这与只掷2次的情况没有什么区别。

掷10次时，色子的结果共有60 466 176（6×6×6×6×6×6×6×6×6×6）种，无论哪种结果的概率都是1/60 466 176。

连续10次都掷出同点"6"的情况的确十分罕见，而要投出"3，5，1，4，5，6，6，2，2，4"也同样十分罕见。

德州扑克中最大的王牌"皇家同花顺"

扑克牌有种玩法叫德州扑克，每人手中5张牌，以牌的大小定胜负。

最大的王牌就是"皇家同花顺"，由同花的"10，J，Q，K，A"组成。之所以最大，据说是因为在所有组合中，出现这种同花组合的概率最小。

果真如此吗？现在就让我们来计算一下出现"皇家同花顺"的概率吧。

这一概率可用"皇家同花顺的组合数"除以"5张牌的组合数"求得。

我们先来计算"5张牌的组合数"。

去除德州扑克玩法中不用的大王、小王，扑克牌数为 52 张。我们先求从 52 张牌中拿到 5 张牌时，这 5 张牌可能出现的排列有多少种。

◆ 从 52 张牌中拿到 5 张牌的排列可能

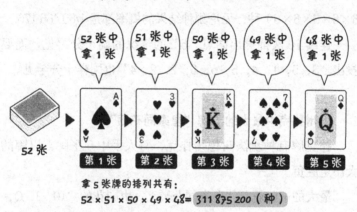

拿 5 张牌的排列共有：

52 × 51 × 50 × 49 × 48 = 311 875 200（种）

拿牌时，第 1 张是从 52 张中拿出的 1 张，第 2 张是从 51 张中拿出的 1 张，依此类推。因此，5 张牌的排列种数为：311 875 200 种（52×51×50×49×48）。

但是，这个数字中包含着"牌相同，只是排列顺序不同"的情况。但无论先拿到哪一张，只要最终拿到的牌相同，效果都一样。所以，我们需要从总数中减去"牌相同，顺序不同"的情况。

以上图所示为例，手中的牌是："♠A、♥3、♣K、♠7、◆ Q"。从 5 张牌中拿到第 1 张有 5 种可能，从剩下的 4 张牌中拿到第 2 张有 4 种可能……依此类推。所以，"牌相同，顺序不同"的可能为：$5×4×3×2×1$。

就是说，在每局游戏中"牌相同，只是排列顺序不同"的可能有 120 种，也就是说，每 120 种排列就对应着一组 5 张牌。要求算出共有多少组 5 张牌，我们应该用前面求得的"5 张牌的排列种数"除以 120。

"5 张牌的组合数" = "从 52 张牌中拿到 5 张牌的排列种数" ÷ "牌相同但顺序不同的种数"。

◆ 顺序不同，牌相同

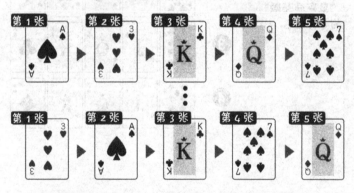

仅仅因为拿到手中牌的先后不同，一局仅有 5 张牌的游戏，其组合方式竟然可以达到 $5×4×3×2×1=$ 120（种）。

按 311 875 200 ÷ 120 计算，5 张牌的组合方式竟可高达近 260 万种！其中"皇家同花顺"只占 4 种。

也就是说，用 52 张牌玩德州扑克，抓到 5 张"皇家同花顺"的概率只有 4/2 598 960。

换言之,"皇家同花顺"是每 649 740(2 598 960÷4)次(即将近 65 万次)才出现 1 次。

因此,如果你曾拿到过"皇家同花顺",那就说明你的手气的确不是一般的好。

◆ "皇家同花顺"

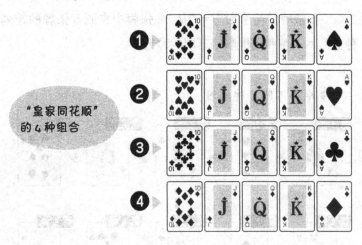

"皇家同花顺"的 4 种组合

制造商品时圆周率真的不可或缺?!

"圆"与我们的生活息息相关

什么是圆?

在考虑这个问题时,我们的脑海中就会浮现出这样一番
情景——人类波澜壮阔的奋斗画面。

圆就是"一个平面内与某个定点距离相等的点的集合",
这里的定点称为"圆心",形成圆的曲线称为"圆周",圆形
一周的长度称为"周长",圆周上任意一点到圆心的距离称为
"半径",通过圆心且两个端点在圆周上的线段称为"直径"。

周长与直径之比就是"圆周率"。圆周率=周长÷直径。

◆ 圆与圆周率

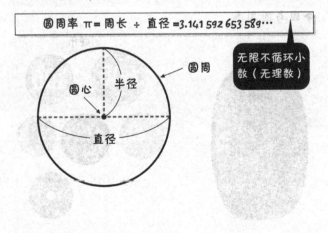

圆周率 π= 周长 ÷ 直径 =3.141 592 653 589…

无限不循环小
数(无理数)

圆周

半径

圆心

直径

圆的重要性质之一就是"圆的周长与直径之比（圆周率）是一定的，与圆的大小无关"。因此，圆周率也是一种常数，用 π 表示。

圆周率为无限不循环小数（无理数）。

硬币、戒指、钟表、盘子、荧光灯、轮胎、球……
我们的生活中到处充满各种各样的圆。
我们的生活不能没有圆。
其实，圆周率价值连城。
在制造商品时，人们对圆周率的运用可以说是无处不在。这就涉及圆周率的精度问题，人们总是根据自己的目的来选择使用切合实际的圆周率精度，以便享受圆周率带给我们的好处。
下面，就让我们来考察一下实际生活中人们使用圆周率的具体精度问题。

◆ 圆与圆周率

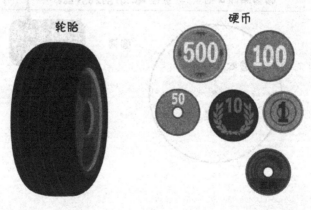

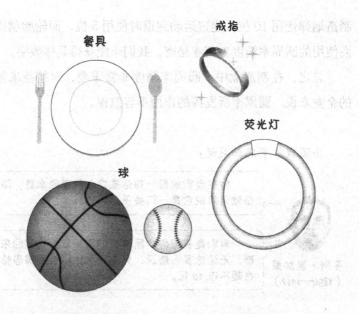

圆周率的实际运用

我与横滨国立大学教授根上生也先生共同主持了日本放送协会（NHK）的一档数学电视节目，名叫"头脑风暴"。在这个节目中，我们对社会上使用圆周率的情况做了一番调查。

3.141 592 653 589 793，这是在小行星探测器"隼鸟号"的计算机程序中使用的 16 位圆周率，日本宇宙航空研究开发机构（JAXA）为了使"隼鸟号"在经历单程 30 亿千米的长途太空旅行之后仍然能够顺利返回地球，采用了 16 位数的圆周率。据说，假如只使用 3 位圆周率 3.14，就会产生 15 万千米的轨道偏差。

在节目中我们还调查到，制作戒指时使用 3 位圆周率，制造炮弹使用 10 位，建造运动跑道时使用 5 位。而轮胎制造商使用的圆周率精度为商业秘密，我们未能获得具体数字。

总之，在制造业中，圆周率精度非常重要，对精益求精的企业来说，圆周率所发挥的作用不容忽视。

法国数学家庞加莱说：

> 如果我们想用一句话来定义数学的本质，恐怕就只能说它是一门关于无限的科学。

> 我们是有限的，所以我们只能掌握有限的东西，无论你多么能说，穷其一生你所说的词恐怕也超不过 10 亿。

亨利·庞加莱
（1854—1912）

从 π 中，我们可以看到有限的人类挑战无限的勇敢精神。

"科学"就是人类不断挑战无限世界的伟大努力，而支撑这一挑战的根本就是数学。人类怀揣 π 这个无价之宝，向着微观世界以及广袤无垠的宇宙深处进发，去探索无限的自然奥秘。

用折纸测量与 "东京天空树" 的距离

《尘劫记》中提到的秘密方法

对于够不到的地方，例如高层建筑或大树等，如果我们想测定它们的高度，又该怎么办呢？当然前提是我们手中的尺子根本没有那么长。

江户时期，日本发明了一种自己的数学方法，即 "和算"，和算图书《尘劫记》（见第 92 页）中记载了相关的测量方法。根据这种方法，我们只需准备一页普通纸张，就能轻松测量出高大物体的高度。

下面来看《尘劫记》中的问题。

取一正方形纸，沿对角线对折后成三角形，在一直角边坠一小石块并使另一直角边与地面垂直，移动位置直到树顶处于斜边延长线上。设：此时所处位置与树根之间的距离为 7 间 [注：1 间（日本长度单位）=1.818 米]，纸距地面的距离为 0.5 间。问：树高为几间？

◆树有多高?

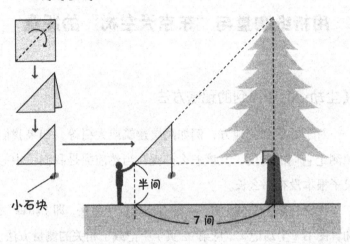

半间

小石块

7 间

　　这是一道几何学里的"相似"问题。将正方形纸对折，所得三角形为等腰直角三角形。能否注意到这一点，是解开这道题的关键。

　　在此复习一下学校所教的有关数学用语。等腰直角三角形就是"两条边相等的直角三角形"，其两条等边的夹角是直角。"相似图形"是指"放大或缩小的图形"。

　　下面介绍解题方法。

◆等腰直角三角形与相似图形

请看下图。

◆用等腰直角三角形相似解题

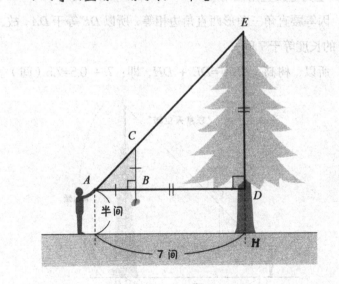

等腰直角三角形中，
两条直角边相等，

所以：DE=DA=7

不要忘记所持
纸三角形的高度！

树高
EH=DE + DH
　=7 + 0.5
　=7.5

最终树的高度为7.5（间）

设：折叠后所得的等腰直角三角形为 *ABC*，*A* 点与树干 *D* 点高度相同，连接树顶 *E* 和 *AD* 的三角形为 *ADE*，树根为 *H*。

三角形 *ADE* 与等腰直角三角形 *ABC* 相似，所以三角形 *ADE* 也为等腰直角三角形。

因等腰直角三角形两直角边相等，所以 *DE* 等于 *DA*。故，*DE* 的长度等于 7 间。

所以，树高（*EH*）=*DE* + *DH*，即：7 + 0.5=7.5（间）。

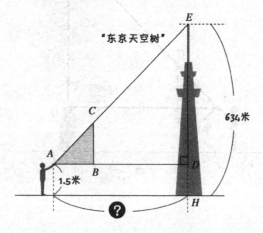

问题：地点为现代东京。

与上题相同，运用折纸测量法。

手持纸三角形，移动至日本电视塔"东京天空树"的顶点处于三角形斜边延长线上，求移动后所处地点与"东京天空树"之间的距离为多少米？

纸三角形与地面的距离为 1.5 米。

"东京天空树"的高度为 634 米。

回答：632.5 米。

因三角形 ADE 为等腰直角三角形，所以 DE 等于 DA。

因 DE 等于 EH（"东京天空树"的高度）减去 DH，所以移动后所处地点与"东京天空树"之间的距离为：634 - 1.5= 632.5（米）。

探究星星的人类与小·数点的邂逅

发现小·数点与对数的内皮尔

1 美元 =98.96 日元，气温 35.2℃，圆周率 π=3.141 5…

小数是我们身边最为活跃的数字表现方式，在欧洲最早提出小数概念的人是荷兰数学家西蒙·斯泰芬。

西蒙·斯泰芬（1548—1620）

斯泰芬的小数书写方式与现在不同，例如 3.141 5 就书写为 3⓪1①4②1③5。

我们现在使用的书写法 "." 是由与斯泰芬同时代的苏格兰数学家约翰·内皮尔首先提出的。

约翰·内皮尔（1550—1617）

内皮尔以发明"对数"而闻名。对数运算大大简化了天文学中的复杂运算,从而极大地促进了天文学和数学的发展。不过,让人意外的是,这样一位数学奇才原本并不是数学家,他只是一个数学爱好者,而且直到44岁才开始研究对数。

小数点就是他在研究对数的过程中发明的,这一发明不仅对数学而且对整个社会都具有十分重大的意义。

将乘法变为加法的对数

下面简单介绍一下对数运算的基本思路。

以 16×32 为例。16是2自身相乘4次的积,32则是2自身相乘5次以后的积,因此 16×32 就等于2自身相乘9(4+5)次的积。

◆用加法解决乘法问题

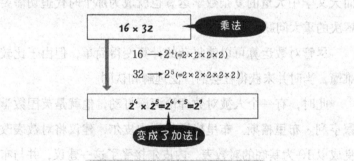

| 16×32 | 乘法 |

$16 \longrightarrow 2^4 (= 2 \times 2 \times 2 \times 2)$

$32 \longrightarrow 2^5 (= 2 \times 2 \times 2 \times 2 \times 2)$

$2^4 \times 2^5 = 2^{4+5} = 2^9$

变成了加法!

查阅对数表可立刻得知 2^9 等于512。

这里派上用场的东西就是对数表。

对数表是表示"2自身相乘的次数及其积"的表格。例如，可以从表中迅速查出2自身相乘9次的积是512。

也就是说，利用对数表可以在已知"2自身相乘次数"之和的情况下迅速求得"2自身相乘 n 次"的积。换言之，可以将乘法变换成加法，使计算变得简单。

这种运算方法方便与否，跟对数表的完善程度直接相关，如果将"2自身相乘不同次数的积"提前计算出来并记入表格，数学运算将变得十分简单。

内皮尔先后花费20年时间，独自一人进行了艰苦计算，终于在64岁时出版了《奇妙的对数表的描述》一书。

小数点诞生于"上帝的语言——数字"之中

在内皮尔生活的16～17世纪，欧洲正处于大航海时代。对于航海而言，天文学是无论如何都不可或缺的重要科学，而天文学中大量的复杂数学运算也就成为那个时代迫切需要解决的重大问题。

尽管对数运算可以使复杂的计算变得简单，但由于比较难懂，当时并未获得社会的广泛理解和认同。

此时，有一个人被对数理论深深打动，他就是英国数学家亨利·布里格斯。布里格斯找到内皮尔，建议将对数表改良成以10为基底的对数表。内皮尔接受了这一建议，并与布里格斯共同开展了相关研究，只可惜第二年内皮尔便不幸去世，布里格斯只好一人承担研究工作。1619年布里格斯出版了《奇妙对数规则的结构》一书，并完成了以 10 为基底的对数表，即常用对数表。

对数（logarithm）一词是内皮尔创造的，它来源于古希腊语中的 logos（上帝的语言）和 arithmos（数字）两个词。

因此，对数就是"上帝的语言——数字"。

这个名称当中包含着内皮尔拯救天文学家和航海家的愿望，他在对数运算中发明了小数点"."。

就这样，直到 17 世纪以后人类才掌握了这个小数点"."。细细想来，尽管人类一直坚持不懈努力钻研天文，探究星空，但邂逅这样一个小数点"."却费了很大一番周折。

每当仰望夜空，不断眨眼的星星仿佛变身成为一个个小数点，向我们讲述上帝的语言——数字。

星星和小数点一样，都很漂亮！

"0" 的故事

数学计算因 "0" 而变得简单。

日常生活中，我们大家理所当然地使用着 "0"，其实这个 "0" 可不简单，它是一个饱含人类悠久历史和智慧的数字，魅力无穷。

古人发明数字的最初目的是计数，也正因为如此，计数的数字在被用来进行计算时就变得非常不方便了。

例如：672×304。如果我们把这道乘法题用古希腊数字和汉字书写出来，数位就会无法对齐，计算起来相当困难。

◆用古希腊数字和汉字书写 672×304 算式

因此我们能够明白，今天我们使用的阿拉伯数字在运算时是多么方便。所以，阿拉伯数字也被称为"运算数字"。

发明运算数字的是 7 世纪的印度人。

巴比伦人、玛雅人和古希腊人都用"0"这个符号表示过"什么都没有"的意思。

在此基础上，印度人为了数学运算方便发明了表示空位的 0。

这是一个极具里程碑意义的创举，其最伟大之处就在于"仅从某个数字所处的位置就能判断出它的数位"。

正是因为 0 被赋予了这种新的内涵，我们人类才告别了表示数位时必须添加其他符号的烦琐时代，而仅仅依靠从 0 到 9 的 10 个符号就可以表示任何无限大的数字。

◆阿拉伯数字让计算变得轻松

阿拉伯数字运算

$$
\begin{array}{r}
6\ 7\ 2 \\
\times\ 3\ 0\ 4 \\
\end{array}
$$

数位好整齐哟！太好算了！

例如，我们只要看到"304"就会立即明白"3"是百位，"0"是十位，"4"是个位。这种"通过数字位置判断数位的书写方式"就是"十进制记数法"。

世界处处都有"0"

印度人发明的数字在 8 世纪前后传到了阿拉伯地区。

即使以拥有高度文明而自豪的阿拉伯人，从最初接触十进制记数法到将其在社会生活中普及开来，也花费了相当长的一段时间。

直到 12 世纪，印度-阿拉伯数字系统才传入欧洲，14 世纪前后才终于形成了今天我们使用的阿拉伯数字的原型。

15 世纪出现的活字印刷术使运算数字得以迅速普及，很快就形成了与我们今天所用的形态基本相同的阿拉伯数字。

◆ 十进制记数法

百位　十位　个位

3　0　4

表示空位的"0"

◆ 印度-阿拉伯数字与阿拉伯数字

印度-阿拉伯数字	·	١	٢	٣	٤	٥	٦	٧	٨	٩
阿拉伯数字	0	1	2	3	4	5	6	7	8	9

日本没有 0 层楼

不同国家对楼层的叫法不同。日本叫 "1 层, 2 层, 3 层", 美国叫 "first floor, second floor, third floor", 即 "1 层, 2 层, 3 层", 这和日本一样。

但英国把地上的一层叫作 "ground floor", 其上才是 "first floor" 和 "second floor"。

也就是说, 日本或美国的 "1 层" 在英国相当于 "ground floor", 即 "0 层"。

其实这代表了两种思维方式的不同, 即以 "0" 作为数字的开始, 还是以 "1" 作为数字的开始。

在日本, 汉字 "一" 可以读作 "始"。很明显, 日本人概念中所有数字的起始是 1 而不是 0, 因此楼层也是从 1 开始算起的。

◆ 楼层的数法

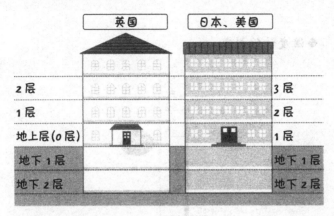

日本的标准有点怪

去英国旅行，总会遇到一些与本国不一样的事情，搞错楼层就让人尴尬不已。不过，从日本人的角度看，楼房有0层很奇怪。

但日本人也有把0作为起点的。

那就是温度。

温度计的刻度以"0℃"为基点，说明日本人有时也以0为起始数字。

也就是说，英国人把楼层和温度计看成同一类东西并用同一个标准记数。

而日本人则是两个标准，楼层用1作为起始数字，而温度则用0。

这样说来，其实是日本人在这个问题上的标准有点儿怪，外国人可能反而无法理解拥有双重标准的日本人。

◆温度计的刻度

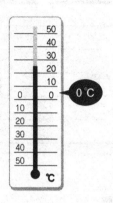

具有日本特色的"0"

日本对"0"的用法有独特之处。

英语读"zero",而日语读作"rei"。"rei"的汉字写作"零",本意表示"极少",有时也用于表示"并非完全没有"之意。

电视或广播的播音员在读"0"时是有区分的。据说NHK基本上读"rei",但在表示"没有死亡人员"时,就读成"zero",有强调的意思。

仔细研究"0"时,能够发现不少故事。

比如,人类因掌握了 0 而向前迈进了一大步。

又比如,尽管 0 的意思是"没有",但其发挥的作用和包含的可能性却是无限(∞)的。

数与名言

数连接着世界

绘画、音乐、哲学……任何领域都与数有着千丝万缕的联系。无数的伟人发现了这一现象，并从中领悟了数的无穷魅力。

数的世界是一个充满了神秘色彩、魅力无穷的和美世界。在伟人们饱含睿智和深邃思想的名言中，我们甚至可以感受到他们对数之世界的敬畏之心。

下面就让我们介绍一些响亮而优美的名言。

数学是一门艺术。

——诺伯特·维纳（1894—1964）

在孩子的教育方面，逐步将知识与能力结合起来十分必要，而数学是所有学问中唯一能够完美满足这一要求的学科。

——伊曼努尔·康德（1724—1804）

能给身体带来最大愉悦的是太阳，而能给精神带来最大愉悦的就是数学真理所散发的万丈光芒。眼睛的最大幸福是太阳带来的光明，而理性的最大幸福就是数学闪耀的光芒。与其他所有学问相比，我们之所以更加敬重透视法，就是因为它将太阳带来的光明和数学的光芒结合在了一起。

——列奥纳多·达·芬奇（1452—1519）

假如柏拉图写《圣经》，他一定会写下这样的话："上帝先创造了数学，再按数学的规则创造了天地。"

——莫里斯·克莱因（1908—1992）

品尝了数学的甘美果实的人就会徜徉于欢乐的神话之中，犹如品味了忘忧之果。了解了数学妙用的人便会被它俘获，再也无法逃脱。

——亚里士多德（公元前384—公元前322）

数学超越了所有其他学科，是连接人类与自然、内部与外部、思想与感知的纽带。

——弗里德里希·福禄贝尔（1782—1852）

感知数学的能力，比感知美妙音乐的能力更为广泛地渗透在人类中间，并且它是大多数人与生俱有的。

——哈代（1877—1947）

面对数，其本质与面对艺术或哲学是相同的——都是与自己的心灵对话。

世界由数字构成。以此观点来审视世界，你也可以成为伟人。

数与数字的故事

数、数字、数值的区别

你是否知道"数"与"数字"的区别？

"数"和"数字"都是小学阶段学过的简单字词，但却有很多人直到成年也并未搞清两者的区别。

造成这种状况的一大原因，就是没有机会认真学习它们的不同。无论数学还是语文，考试当中几乎不会出现"简述'数'与'数字'的区别"之类的试题。

"'数'是一种概念，'数字'是表述这种概念的文字"，另外"'数'是意识，而'数字'则是形态"。

这就是答案。不过仅有这样的说明，也许还远远不够。

◆数、数字、数值的区别

数	number	概念、意识 例：自然数、实数、虚数
数字	digit,figure	表述概念的文字 例：汉字数字、阿拉伯数字
数值	value	计量获得的值 例：10 米、100 千克、1 000 秒

　　我在很多场合讲到这个话题时，听众的第一反应就是摸不着头脑。这也不难理解，因为大家从来没有接触过这个问题，一时反应不过来也属正常。

错误百出的"数字"

　　我们在很多场合都能听到"数字"这个词。

　　"生意人一定要对数字敏感。"

　　"理科生擅长数字，文科生对数字感到头疼。"

　　"有关收视率、内阁支持率的数字。"

　　这些用法都与"数字"的本意不符，属于误用。

　　其实生意人遇到的"数字"多为账目或各类指标，这些都不是"数字"，而是"数值"。理科生擅长的应该是"数"，而不是"数字"。收视率、内阁支持率应该都是统计得出的数值。

　　也就是说，在"数"的领域里原本存在着"数""数字"和"数值"3个形态，但它们全都融进了"数字"一词当中，相互之间的区别也变得模糊不清了。

　　弄清三者的区别很难，正确使用更不容易。结果就是，很多日本人只会使用最常见的"数字"一词。

　　环顾我们的周围，到处可以发现数字的身影。货物的价格、数量、长度、质量以及时间等，表示各种各样的量时都会用到数字。

而在测量物体的量时都要使用单位。价格用"元"，长度用"米"，质量用"千克"，时间用"年、月、日、时、分、秒"等。

1个苹果，1个橘子，1米长的尺子，1千克重的大米，1秒。它们的共同之处就是都有"1"这个数，也正是因为有了"1"，苹果、橘子等的量才得以展现在人们面前。

"数"可以用于一切事物，是一种非常方便的意识。当涉及大数或者需要运算时，必然遇到"怎样书写"的问题。人类经过长期摸索，终于发明了十进制记数法和包括 0 在内的阿拉伯运算数字。

"数"产生于人类观察不可见事物的能力

"1"本身并不是苹果、橘子，也不是尺子、大米或者时间，它只是一种思维、一个概念。表达这一概念的符号就是数字。

对于"形"而言，这个道理也同样适用。

本子上用铅笔画出的点或线，并不是真正意义上的点或线。

所谓的"直线"，其实是长度无限并且没有端点的几何学对象（图形）；而"点"则是空间中的一个位置，是没有大小（即没有长度、面积或体积）的图形。

◆ 点、直线的概念

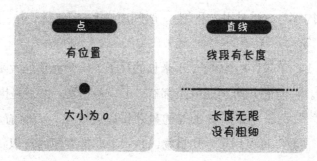

总之"点"和"直线"都是概念，上图只不过是将这些概念形象化了。

而现实世界中是没有这些"形状"的，真正的"点"和"直线"都只存在于我们的心中。

首先觉察到这一问题的是古希腊人，他们率先领悟了存在于我们心中的"数"和"形"所拥有的巨大威力。

例如，阿基米德成功算出圆周率 3.141 5 就是完全依靠了线的概念。

就这样，人们不断发现隐藏在"数"和"形"之中的惊人规律，其恢弘壮丽的故事构成了各种数字，形成了规律——公式及定理，这些都超越了时空并定格成世间的真理。

现代社会的专利体系不承认公式或定理拥有申请专利的权利，其原因就是公式和定理属于"发现"而不是"发明"，它们应该是全人类的共同财产，其应用不应与金钱挂钩。

数学是完全独立的存在

数学是一个完全独立的存在，即使上帝也无法左右，这是一个令人惊异的事实。譬如，圆周率为 3.14…，它不是上帝创造的，也不是上帝可以随意进行更改的。人类充分意识到了这个事实，那就是——在我们的世界里，有一个独立于时空、经济和上帝之外的客观存在，它就是数学。

人类能够透过苹果、橘子这类看似互不相关的事物表面发现隐匿在其背后的相同之处"1"，并将其用数字表现出来，这就是我们所拥有的独特力量——观察不可见事物的能力。而人类掌握这种能力，花费了上万年的漫长时间。

小学阶段，数学课讲授的多为数值，即数后添加单位，如表示长度的"1 米"等。而到初中、高中以后，数学课上接触的就成了数，即取消了单位的概念。再后来就进入到用 x、y 代替数的阶段，即"代数"。有关 x 与 y 关系的学问则称为"函数"。

现在，还有多少人记得小学一年级数学课本的内容呢？其实第一课就是"数与数字"。

我们现在最应该做的事情之一，就是重新温习小学的数学课本，真正完成从"数字"向"数"的提升。

我们身边"数"与"数字"的区别

先看问题，再通过问题进一步思考"数"与"数字"的区别。

问题：下列之中哪些是数、数字或数值？

① 求三角形面积（底 × 高 ÷2）时已知的底和高

② 印刷在纸币上的"东西"

③ 电视收视率

④ 商品价格

⑤ 存款利息

⑥ 黄金分割率（ϕ =1.618…）

回答：① 底和高 → 数值或数

求三角形面积时所需条件底和高，实际是长度，是测量某个长度以后获得的值，后面可以添加米、厘米等单位，因此为数值。

顺便提及一下，小学数学课本中出现的长度可以添加单位，因此都是数值。

但高中数学课本或高考试题中，提到三角形的底和高时，都会使用"1，2"，这时就不能添加单位，这里的底和高就是数。

所以，底和高是数值或数。

② 印刷在纸币上的"东西" → 数字

关键就是"东西"。当然，这里的"东西"不是指图案或油墨之类，而是指表示金额的"东西"。很明显，这个印在纸币上的"东西"就是数字。

③ 电视收视率 → 数值

电视收视率是由安装在用户电视接收机上的芯片收集到的数据计算得出的统计结果，即"计算得出的数据"，所以属于数值。

④ 商品价格 → 数值

通过计量获得的值（附有单位的数）属于数值。所以，用单位"元"表示的商品价格是数值。

⑤ 存款利息 → 数值

日本最有名的日文辞典之一《广辞苑》中解释"利息"的词条是："债务人按照一定比例支付给债权人的货币使用费"。[编辑注：《现代汉语词典》中的解释则为："因存款、放款而得到的本金以外的钱（区别于"本金"）]。也就是说，利息是金钱，其单位用"元"表示，因此属于数值。

⑥ 黄金分割率 → 数

黄金分割率1.618 033 988 7…是"数"，被称作"数学常数"。

为什么日常生活中多用"数字"？

要真正分清"数""数字"以及"数值"的区别并不容易，其结果就是在这三者中，日本人对数字情有独钟，特别喜欢在日常生活中使用。

造成这一现象的原因其实非常简单明了，就是因为数字属于"figure"，是"形"。作为"有形的东西"，数字最容易映入人们的眼帘。

办公室里堆满各种资料，上面印有文字和数字，打印机轻易打出的各式图形完美地诠释着"线是由无数个点构成的集合"这个定义。

与打印机的原理相同，电视图像也由很多点组成。在日常生活中，我们视线所及都有数字存在。

数学是人类的"共通语言"

前面我们提到了"数和形属于概念"的说法，下面就来谈谈这句话的重要性。

概念产生于我们的头脑，因此属于意识的范畴。而同样存在于我们意识之中的颜色却与数的概念有着天壤之别。

例如，说到红色，人们的脑海中就会浮现出有关红颜色的意识。

请10个人来做实验。准备几张红色卡片，卡片之间的红色有微妙区别，请他们从卡片中选出与自己脑海中浮现的红色最为接近的颜色。

结果10个人有10种选择，完全没有一致的。这个结果告诉我们，每个人心中的红色都是独特的，与其他人存在区别。

但是，"数"和"形"在人们心中却是一样的，对"1"这样的"数"或者"点"这样的"形"，大家的概念都相同。

这似乎理所应当，不值得奇怪，但事实并非如此。

实际上，人类意识的个性极其鲜明，虽然大家都讲"难过""高兴"，但你的"难过"和"高兴"只属于你自己，完全不可与别人的相提并论。

总之，"数"和"形"能在人类意识中构成共通的概念，的确令人感到惊奇。也正因为如此，数学才能变身成为人类的"共通（universal）语言"。

两个存在与几何学（geometry）

宇宙（universe）是存在于我们之外的一个（uni）物质性的客观存在。

将存在于我们内心的"数"和"形"拿来与之进行比较，就会发现两者完全相同。"数"与"形"存在于我们心里，并且是存在之一（uni），人们将其称为"数学存在"。

人类处于这样两个存在之间。

古时人们仰望夜空中的繁星努力寻求星宿的真相，从而创立了天文学。天文学不仅为历法与航海奠定了基础，而且开创了"测量学"这一新的学科领域。

正因为如此，运用"数"的概念精确掌握时刻以及运用三角函数（sin、cos）计算出地球与其他天体的各种数据才成为可能。

进而，开普勒总结出了行星运行法则（椭圆轨道法则、面积速度一定法则、距离周期法则），将人类对宇宙的探索提高到了一个新的高度。

测量学是度量衡、地球测量、航海以及天文等学科的基础，而测量则离不开数和单位。测量所得的量为数值，即：量＝数（单位）。

支撑我们测量客观存在的宇宙以及人类赖以生存的地球

的根本，就是我们心中的"数学存在"。正是由于这个原因，"geo"（大地）和"metry"（测量）构成了"geometry"（几何学）这个词。

我们人类往来于物质性客观存在和概念性数学存在之间，并不断探寻着它们的"和谐法则"。

弄清"数"与"数字"和"数值"之间的区别，就要回顾和总结我们人类走过的漫长路程。我们正是由于发现了"数"的概念，进而发明了阿拉伯数字，坚持不懈地观测地球，才不断加深了对这个星球的认识，并在此繁衍生息。

第二部分

珍藏的数学故事

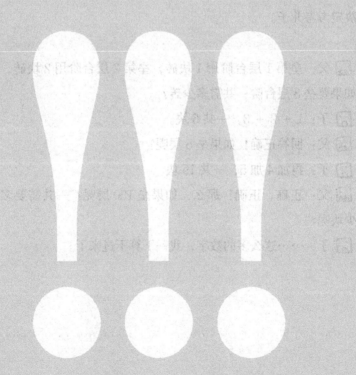

加法速算

相连的 100 个数相加的和是多少？

　　不用计算就能知道答案——这种神奇的加法你知道吗？其实有种魔法能在一瞬间让你知道若干相连数的和是多少。

　　父子俩玩游戏，父亲看见儿子用砖头垒台阶，灵机一动，决定考考儿子。

　　🙂 父：垒第 1 层台阶用 1 块砖，垒第 2 层台阶用 2 块砖，如果要垒 3 层台阶，共需多少砖？

　　🙂 子：1 + 2 + 3，一共 6 块。

　　🙂 父：回答正确！如果垒 5 层呢？

　　🙂 子：再加 4 加 5，一共 15 块。

　　🙂 父：正确、正确！那么，如果垒 100 层呢？一共需要多少块呢？

　　🙂 子：……这么多的数字，我一下算不过来了。

◆ 砖块台阶

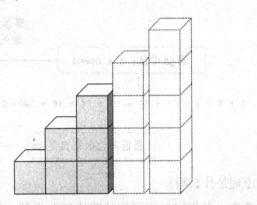

　　儿子拿出计算器认真计算起来，但还不到 10 秒，父亲就说出了答案，而且没有使用计算器或纸笔。能在一瞬间给出结果，说明父亲有更好的办法。

　　那么，父亲又是如何快速解题的呢？

"数"的魔法——奥秘就在于 50

　　方法极其简单。

　　步骤 1　找出第 50 个数，方法是"第 1 个数 + 49"或"第 1 个数 + 50"再减去 1。

　　步骤 2　第 50 个数就是答案的百位以上的数。

　　步骤 3　而答案的最后两位肯定为 50。

◆ 相连 100 个数的加法

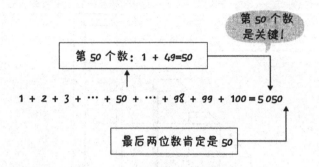

第 50 个数 是关键!

第 50 个数：1 + 49=50

$1 + 2 + 3 + \cdots + 50 + \cdots + 98 + 99 + 100 = 5\,050$

最后两位数肯定是 50

原理是什么呢？

首先，我们以前面提到的砖块游戏为例，把相连的 100 个数看成砖，如下图所示。

$1+2+3+\cdots+49+50+51+\cdots+98+99+100$

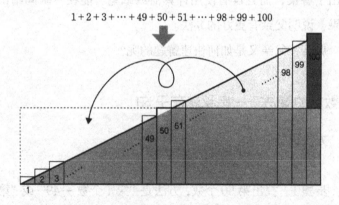

以第 50 个数（砖块数为 50）为中线，分成"第 1 ~ 49 个数"和"第 51 ~ 99 个数"两个部分来分析。

第 49 个数（49），第 48 个数（48），… 第 2 个数（2），第 1 个数（1）。看出来了吗？它们分别比中线 50 少 1，2，… 48，49。

　　同样，第51个数（51），第52个数（52）……第98个数（98），第99个数（99），分别比中线50多1，2，… 48，49。

　　这时，我们只要将多余的砖块拿去弥补缺少的部分，也就是将"51"中的"1"拿来弥补给"49"，将"52"中的"2"弥补给"48"，…"98"中的"48"弥补给"2"，"99"中的"49"弥补给"1"，那么它们就全部变成"50"了。

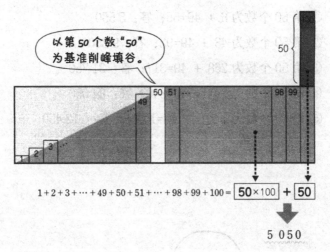

$$1+2+3+\cdots+49+50+51+\cdots+98+99+100 = \boxed{50 \times 100} + \boxed{50}$$

5 050

　　再将第100个数"100"分成"50"和"50"两部分。

　　于是，所有砖块都变为50个一组，其总和=50×100 + 50。

　　也就是说，相连100个数的和等于第50个数字乘以100再加50，即"第50个数之后加50"。

　　最后，试试下面的问题吧。

　　问题： 给出下面加法运算题的正确答案。

　①6 + 7 + 8 + … + 103 + 104 + 105

63

②43 + 44 + 45 + … + 140 + 141 + 142

③268 + 269 + 270 + … + 365 + 366 + 367

④791 + 792 + 793 + … + 888 + 889 + 890

⑤1 075 + 1 076 + 1 077 + … + 1 172 + 1 173 + 1 174

回答：

①第 50 个数为 6 + 49=55；答：5 550

②第 50 个数为 43 + 49=92；答：9 250

③第 50 个数为 268 + 49=317；答：31 750

④第 50 个数为 791 + 49=840；答：84 050

⑤第 50 个数为 1 075 + 49=1 124；答：112 450

数字的魔术，注意看50。

用数字 1 ~ 9 算出 100 ？！
挑战 "小·町算"

从江户时代流传至今的算术游戏

所谓 "小町算"，是关于 "用数字 1 ~ 9 表示一个特定数，或列出某个等式的数学问题"，颇具挑战性。

小町算历史悠久，今天我们可以从江户时代出版的图书中寻觅到它的踪影，如：田中由真所著的《杂集求笑算法》（1698 年），中根彦循所著的《勘者御伽双纸》（1743 年）等都涉及了小町算的内容。其中最为有名的就是 "算 100"（世纪难题）。

"□1□2□3□4□5□6□7□8□9=100"，在□中填入 "+" "−" "×" "÷" 或 "空白" 使算式成立。

1971 年人们用电子计算机进行了运算，结果显示，在 "+" "−" "×" "÷" 和 "空白" 5 种符号都使用的情况下，竟然有 150 种方法能使算式成立！

◆只用"+""-"和"空白"算出100

①	$1 + 2 + 3 - 4 + 5 + 6 + 78 + 9 = 100$
②	$1 + 2 + 34 - 5 + 67 - 8 + 9 = 100$
③	$1 + 23 - 4 + 56 + 7 + 8 + 9 = 100$
④	$1 + 23 - 4 + 5 + 6 + 78 - 9 = 100$
⑤	$123 - 45 - 67 + 89 = 100$
⑥	$123 + 45 - 67 + 8 - 9 = 100$
⑦	$123 - 4 - 5 - 6 - 7 + 8 - 9 = 100$
⑧	$123 + 4 - 5 + 67 - 89 = 100$
⑨	$-1 + 2 - 3 + 4 + 5 + 6 + 78 + 9 = 100$
⑩	$12 - 3 - 4 + 5 - 6 + 7 + 89 = 100$
⑪	$12 + 3 + 4 + 5 - 6 - 7 + 89 = 100$
⑫	$12 + 3 - 4 + 5 + 67 + 8 + 9 = 100$

通过方框中的运算可以发现，即使只用"+""-"和"空白"3种符号，能使算式成立的解法也有12种之多。

小町算看似简单，实则相当深奥。

我们可以将其作为"世纪难题"思考各种解法。

比如，将数字排列的顺序倒过来变成"□9□8□7□6□5□4□3□2□1=100"，或是运用括号、乘方、开方等，只要对规则稍加改变就可能得出意想不到的结果。

从小町算中我们可以充分领悟难题的魅力，也可以充分感知"数的无限可能"。

小·町算与 2013

下面给大家介绍一下最新的小町算消息。2013 年 5 月 11 日，日本举行了第一届成年人数学锦标赛（由财团法人日本数学检定协会主办），我担任了赛事特邀评委。

比赛中有这样一道题。

问题：今年是 2013 年，请按以下所给条件，使用 2、0、1、3 这 4 个数字及指定符号列出计算结果为大于 1 并小于等于 100 的整数的等式。且 2、0、1、3 每个数字只能使用一次。

100 并不算大数，但这道题目的要求"算出大于 1 并小于等于 100 的整数的等式"，也就是说要有 100 个算式。

有趣的是，这道题将会用到我们平时并不多见的一些符号，如：二次阶乘"!!"、三次阶乘"!!!"以及超阶乘"＄"等。

◆小町算与 2013 的规则

● 必须使用 2、0、1、3 这 4 个数字列出算式，但同一个数字只能使用一次。

● 不能使用 2、0、1、3 以外的其他数字，但可以调整数字的先后顺序。

● 可以使用由 2、0、1、3 这 4 个数字组合起来的十位和百位数字，如 20、201 等。

● 可以使用乘方，如 2^{13}、21^3 等。

● 列算式时仅可使用下列符号，但同一等式中可以重复使用同一个符号。

＊四则运算符号："+" "–" "×" "÷"。

＊括弧（不限）。

＊阶乘 $n! = n \times (n-1) \times (n-2) \times \cdots \times 1$

＊二次阶乘 "!!"

（n 为奇数时）$n!! = n \times (n-2) \times (n-4) \times \cdots \times 1$

（n 为偶数时）$n!! = n \times (n-2) \times (n-4) \times \cdots \times 2$

＊三次阶乘 "$n!!!$"

（$n \div 3$ 之余为 1 时）$n!!! = n \times (n-3) \times (n-6) \times \cdots \times 1$

（$n \div 3$ 之余为 2 时）$n!!! = n \times (n-3) \times (n-6) \times \cdots \times 2$

（$n \div 3$ 可除尽时）$n!!! = n \times (n-3) \times (n-6) \times \cdots \times 3$

※ 设 $n! = 1$，$n!! = 1$，$n!!! = 1$

＊在超阶乘 "\$" 为正整数时，n 的超阶乘用 n \$ 表示。

$$n\$ = \underbrace{n!^{n!^{n!^{\cdot^{\cdot^{\cdot^{n!}}}}}}}_{n! \text{ 个}}$$

※ 设 0 \$ = 1

仅用 4 个数字及 "+" "–" "×" "÷" 和乘方无法列出大于 1 并小于等于 100 的整数的等式。

　　于是出题者在方法中追加了阶乘，但有些数的等式依然无法列出。鉴于这个原因，出题者又追加了二次阶乘"!!"和三次阶乘"!!!"。

　　即便如此，还有部分数的等式不能列出。在这种情况下，出题者搬出了超阶乘"$"，才终于能列出全部等式。

　　看上去似乎十分复杂，但所有等式中出现的都是0、1、2、3这样的较小数，所以运算本身并不复杂。实际计算一下，我们会感到有很多等式原来竟这么简单。

　　没有时间限制，你也来挑战一下下面的等式吧。

第二部分
珍藏的数学故事

回答:

数	解答示例
1	= (2 + 0 + 1) ÷ 3
2	= 2 × 0 − 1 + 3
3	= 2 × 0 × 1 + 3
4	= 2 × 0 + 1 + 3
5	= 2 + 0 × 1 + 3
6	= 2 + 0 + 1 + 3
7	= 20 − 13
8	= (2 + 0) × (1 + 3)
9	= (2 + 0 + 1) × 3
10	= 10 × (3 − 2)
11	= 10 + 3 − 2
12	= 12 + 3 × 0
13	= 2 × 0 + 13
14	= 2^0 + 13
15	= 2 + 0 + 13
16	= 20 − 1 − 3
17	= 20 − 1 × 3
18	= 20 + 1 − 3
19	= 20 − 1^3
20	= 20 × 1^3

$2^0 = 1$

珍藏的数学故事

（续）

数	解答示例
21	$= 20 + 1^3$
22	$= 20 - 1 + 3$
23	$= 20 + 1 \times 3$
24	$= 20 + 1 + 3$
25	$= 23 + 1 + 0!$
26	$= 13 \times 2 + 0$
27	$= 3^{(1 + 2)} + 0$
28	$= 2 \times (0! + 13)$
29	$= 31 - 2 - 0$
30	$= 31 - 2 + 0!$
31	$= 31 + 2 \times 0$
32	$= 32 \times 1 + 0$
33	$= 20 + 13$
34	$= 102 \div 3$
35	$= (3!)^2 - 1 + 0$
36	$= (3!)^2 \times 1 + 0$
37	$= (3!)^2 + 1 + 0$
38	$= (3!)^2 + 1 + 0!$
39	$= (2 + 0!) \times 13$
40	$= 120 \div 3$
41	$= (2\$ + 1)! \div 3 + 0!$
42	$= 32 + 10$

（对应 25） $0! = 1$

（对应 35） $3! = 3 \times 2 \times 1 = 6$

（对应 41）因为 $2\$ = 2^2 = 4$
所以 $(2\$ + 1)!$
$= 5!$
$= 5 \times 4 \times 3 \times 2 \times 1$
$= 120$

珍藏的数学故事

（续）

数	解答示例
43	$= 2\ \$ \times 10 + 3$
44	$= 20 + (1 + 3)!$
45	$= (0! + 3)! + 21$
46	$= 23 \times (1 + 0!)$
47	$= (2\ \$)! - 0! + (1 + 3)!$
48	$= (2 + 0) \times (1 + 3)!$
49	$= (3! + 1)^2 + 0$
50	$= 10 \times (2 + 3)$
51	$= 13 \times 2\ \$ - 0!$
52	$= 13 \times 2\ \$ + 0$
53	$= 13 \times 2\ \$ + 0!$
54	$= 2^{3!} - 10$
55	$= (3!)!!! \times (2 + 1) + 0!$
56	$= (0! + 13) \times 2\ \$$
57	$= (20 - 1) \times 3$
58	$= (30 - 1) \times 2$
59	$= 30 \times 2 - 1$
60	$= 20 \times 1 \times 3$
61	$= 30 \times 2 + 1$
62	$= 21 \times 3 - 0!$
63	$= 21 \times 3 + 0$
64	$= 21 \times 3 + 0!$

$(1 + 3)!$
$= 4!$
$= 4 \times 3 \times 2 \times 1$
$= 24$

$2^{3!} = 2^6 = 64$

$(3!)!!! = 6!!!$
$= 6 \times 3$
$= 18$

珍藏的数学故事

（续）

数	解答示例
65	$= 130 \div 2$
66	$= 2^{3!} + 1 + 0!$
67	$= 201 \div 3$
68	$= 2^{3!} + (0! + 1)\$$
69	$= \{(2\$)! - 1\} \times 3 + 0$
70	$= 210 \div 3$
71	$= 3! \times 12 - 0!$
72	$= 3! \times 12 + 0$
73	$= 3! \times 12 + 0!$
74	$= 2^{3!} + 10$
75	$= (2\$ + 1)!! \times (3! - 0!)$
76	$= (2^3)!!! - (0! + 1)\$$
77	$= 3^{2\$} - (0! + 1)\$$
78	$= (0! + 12) \times 3!$
79	$= (2^3)!!! - 1 + 0$
80	$= 2^3 \times 10$
81	$= (2^3)!!! + 1 + 0$
82	$= (2^3)!!! + 1 + 0!$
83	$= 3^{2\$} + 1 + 0!$
84	$= 21 \times (0! + 3)$
85	$= 3^{2\$} + (0! + 1)\$$
86	$= \{(2\$)!!\}!!! + (0! + 1) \times 3$

$$(0! + 1)\$ = (1+1)\$$$
$$= 2\$$$
$$= 4$$

$$(2\$)! - 1$$
$$= 4! - 1$$
$$= 4 \times 3 \times 2 \times 1 - 1$$
$$= 24 - 1$$
$$= 23$$

$$(2\$ + 1)!!$$
$$= (4 + 1)!!$$
$$= 5!!$$
$$= 5 \times 3 \times 1$$
$$= 15$$

$$(2^3)!!!$$
$$= 8!!!$$
$$= 8 \times 5 \times 2$$
$$= 80$$

$$3^{2\$} = 3^4 = 81$$

$$\{(2\$)!!\}!!!$$
$$= (4!!)!!!$$
$$= (4 \times 2)!!!$$
$$= 8!!!$$
$$= 80$$

珍藏的数学故事

（续）

数	解答示例
87	$= \{(2\ \$)\ !!\}\ !!! + 0 + 1 + 3!$
88	$= (2\ \$)\ !! \times [\{(0! + 1)\ \$\}\ !! + 3]$
89	$= \{(2\ \$)\ !!\}\ !!! + 3^{(0! + 1)}$
90	$= 3^2 \times 10$
91	$= (2\ \$ + 1)\ !! \times 3! + 0!$
92	$= 23 \times (0! + 1)\ \$$
93	$= 31 \times (0! + 2)$
94	$= 10^2 - 3!$
95	$= (2\ \$)\ ! \times (1 + 3) - 0!$
96	$= (2\ \$)\ ! \times (0 + 1 + 3)$
97	$= 10^2 - 3$
98	$= (3!)\ !! \times 2 + 1 + 0!$
99	$= 102 - 3$
100	$= (2 + 3)\ !!! \times 10$

$\{(0! + 1)\ \$\}\ !! + 3$
$= (2\ \$)\ !! + 3$
$= 4!! + 3$
$= 8 + 3$
$= 11$

$3^{(0! + 1)} = 3^2 = 9$

$(3!)\ !! = (3 \times 2 \times 1)\ !!$
$\quad = 6!!$
$\quad = 6 \times 4 \times 2$
$\quad = 48$

$(2 + 3)\ !!! = 5!!!$
$\quad = 5 \times 2$
$\quad = 10$

计算器告诉我们 $\sqrt{}$ 的意义

计算器是数学的老师?

计算不要依赖计算器——

不少人曾被小学老师这样说过，毫无疑问依靠自己进行笔算十分重要，用计算器完成作业的确不好。

然而就我个人而言，可以说正是因为有了计算器，我才走上了数学之路。

刚开始用普通计算器，再后来改用函数计算器，每次敲击按键，看着画面上跳出的各种数字，我都会目不转睛，紧盯不放。

$\sqrt{}$ 计算的意义是什么?

$\sqrt{}$ 是什么样的计算呢？

计算器让我明白了这个问题。

◆普通计算器和函数计算器

普通计算器　　　　　　函数计算器

请看上图。右边是函数计算器，它的按键比普通计算器多，能够广泛应用于科学计算、工程学、数学等领域。除开方（√）外，还可用于对数（log）及三角函数（sin、cos、tan）等的计算。

请准备一台函数计算器。

按顺序分别按下数字 1 ~ 16 和 √ 键，如果是可表示 12 位数的计算器，其计算结果如下。

◆函数计算器的 √ 计算结果

1 + √ ➡ 1

2 + √ ➡ 1.414 213 562 37

3 + √ ➡ 1.732 050 807 56

4 + √ ➡ 2

5 + √ ➡ 2.236 067 977 49

6 + √ ➡ 2.449 489 742 78

7 + √ ➡ 2.645 751 311 06

8 + √ ➡ 2.828 427 124 74

9 + √ ➡ 3

10 + √ ➡ 3.162 277 660 16

11 + √ ➡ 3.316 624 790 35

12 + √ ➡ 3.464 101 615 13

13 + √ ➡ 3.605 551 275 46

14 + √ ➡ 3.741 657 386 77

15 + √ ➡ 3.872 983 346 20

16 + √ ➡ 4

※ 计算器不显示小数点后最后一位数（最右端）的数字"0"

几处为整数的结果引人注目，我们仔细看看这些平方根为整数的数（1，4，9，16）。

◆ **平方根为整数的情况**

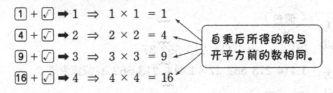

$$\boxed{1} + \boxed{\sqrt{}} \Rightarrow 1 \Rightarrow 1 \times 1 = 1$$

$$\boxed{4} + \boxed{\sqrt{}} \Rightarrow 2 \Rightarrow 2 \times 2 = 4$$

$$\boxed{9} + \boxed{\sqrt{}} \Rightarrow 3 \Rightarrow 3 \times 3 = 9$$

$$\boxed{16} + \boxed{\sqrt{}} \Rightarrow 4 \Rightarrow 4 \times 4 = 16$$

自乘后所得的积与开平方前的数相同。

假设计算器的计算规则为

$$\boxed{A} + \boxed{\sqrt{}} \Rightarrow B \Rightarrow B \times B = A$$

因此，我们可以假设 $A + \sqrt{} \rightarrow B \rightarrow B \times B = A$。

即："某个数 A" 的开方 $\sqrt{}$，就是将 A 用 $B \times B$ 表示出来时，求 B 为多少的计算。

下面以 2 和 3 为例验证我们的假设。

按下 "2+ $\sqrt{}$" 键，出现数字 1.414 213 562 37，按下 "3+ $\sqrt{}$" 键，则出现数字 1.732 050 807 56。将所得值分别自乘，得到的积应该分别为 2 和 3。

这里我想告诉各位计算器的一个简便用法。

若想将屏幕上显示的数字自乘，可以不再重新输入这个数字，只需按 "×" 和 "=" 即可。

如果按如下方法操作按键，可得：

$$\boxed{1.414\ 213\ 562\ 37} + \boxed{\times} + \boxed{=} \Rightarrow 1.999\ 999\ 999\ 99$$

$$\boxed{1.732\ 050\ 807\ 56} + \boxed{\times} + \boxed{=} \Rightarrow 2.999\ 999\ 999\ 96$$

◆ 用 2 和 3 验证假设

因为： 假设
所以： 2 + √ ➡ 1.414 213 562 37
因为： 1.414 213 562 37 × 1.414 213 562 37 应该为 2 ？
所以： 3 + √ ➡ 1.732 050 807 56
1.732 050 807 56 × 1.732 050 807 56 应该为 3 ？

实际结果

1.414 213 562 37 + × + = ➡ 1.999 999 999 99
1.732 050 807 56 + × + = ➡ 2.999 999 999 96

尽管无限接近 2 和 3，但并不完全相等。

这样一来，我们前面提到的假设就不成立了吗？

离无限仅一步之遥

将 2 以 $B \times B$ 表示出来，则 B 约为 1.414 213 562 37，尽管这不是 $\sqrt{2}$ 的等数，但"非常近似"。

这个概念用符号"≈"（约等于）表示。

◆ 计算器 √ 计算的规则

1.414 213 562 37 × 1.414 213 562 37 ≈ 2

或： $\sqrt{2}$ ≈ 1.414 213 562 37

1.732 050 807 56 × 1.732 050 807 56 ≈ 3

或：$\sqrt{3}$ ≈ 1.732 050 807 56

计算器的计算规则

A 为平方数的情况（例：1，4，9，16…）

$\boxed{A} + \boxed{\sqrt{}} \rightarrow B \Rightarrow B × B = A$

A 为非平方数的情况（例：2，3，5，6，7…）

$\boxed{A} + \boxed{\sqrt{}} \rightarrow B \Rightarrow B × B ≈ A$

这样的数称为"近似值"。

平方根为整数就意味着 A 为这个整数的平方数（1的平方、2的平方、3的平方、4的平方），只有这时 $\sqrt{}$ 才会得到整数。

另外，A 为非平方数时，计算器所显示的结果为近似值。

实际上 $\sqrt{2}$ 的值 1.414 213 562 37…为无限不循环小数（无理数）。计算器的显示位数有限，所以计算器无法为我们提供无限位数的数字，但这已经可以说离无限只有一步之遥了。

◆ **巧用计算器了解分数的奥秘**

上面提到 $\sqrt{2}$ 的值 1.414 213 562 37…为无限不循环小数，那么无限不循环小数到底是什么概念呢？我们可以巧用计算器来探究一番。

以下为计算器的计算结果。

1÷2=0.5（有限小数）

1÷3=0.333 333 333 33（循环小数）

1÷4=0.25（有限小数）

1÷5=0.2（有限小数）

1÷6=0.166 666 666 66（循环小数）

1÷7=0.142 857 142 85（循环小数）

1÷8=0.125（有限小数）

1÷9=0.111 111 111 11（循环小数）

1÷10=0.1（有限小数）

1÷11=0.090 909 090 90（循环小数）

※ 计算器不显示小数点后最后一位数的数字"0"

分数的计算结果可分为"能除尽"和"除不尽"两种。"能除尽"的情况下得数被称作"有限小数"，"除不尽"的情况下得数被称作"循环小数（无限循环小数）"。

1÷3、1÷6、1÷7、1÷9、1÷11用小数表示的话，就是循环小数。所以说，分数要么是有限小数，要么是循环小数。

◆ 循环小数的表示

$\frac{1}{3} = 0.333\ 333\ 333\ 33\cdots = 0.\dot{3}$

$\frac{1}{6} = 0.166\ 666\ 666\ 66\cdots = 0.16\dot{6}$

$\frac{1}{7} = 0.142\ 857\ 142\ 85\cdots = 0.\dot{1}42857\dot{7}$

$\frac{1}{9} = 0.111\ 111\ 111\ 11\cdots = 0.\dot{1}$

$\frac{1}{11} = 0.090\ 909\ 090\ 90\cdots = 0.\dot{0}\dot{9}$

相对于将$\sqrt{2}$这种无限不循环的小数称为"无理数",人们把有限小数和循环小数(分数)称作"有理数"。

如上所示,循环小数用"·"来表示。

表示循环小数的方法是在最短的循环数字链两端的数字上方加"·",其中"最短的循环数字链"称为"循环节"。如:$1 \div 7$的循环节为142 857,长度达6位。

只要分析除法的笔算,我们就能明白有理数成为循环小数的原因了。

除法的笔算是将所得的余数扩大10倍后再进行运算。

当"所得之余"与"前面曾经出现过的余数"相同时,其后的算法与前面相同。

同时,因为"余数应大于0且小于除数",所以只要不断除下去,总会出现余数与前面某个曾经出现过的余数相同的情况。

接下来我们将会看到循环小数所包含的真正不可思议的地方,当然,只显示12位数的计算器就派不上用场了。

◆透过循环节看分数的奇妙

当1的除数为素数(2和5除外)时,其所得之商为循环小数。下面,我们就来对比看看这些循环小数循环节的长短。

从中我们可以发现素数的除数与商的循环节的长短有关。

$p = 7$时,$p-1 (= 6)$的约数为1、2、3、6,其循环节的长度为6。

$p = 11$ 时，$p-1$（$= 10$）的约数为 1、2、5、10，其循环节的长度为 2。

$p = 13$ 时，$p-1$（$= 12$）的约数为 1、2、3、4、6、12，其循环节的长度为 6。

◆循环节与循环节长度

素数 p	$1/p$ 的循环数	循环节的长度
3	3	1
7	142857	6
11	09	2
13	076923	6
17	0588235294117647	16
19	052631578947368421	18
23	0434782608695652173913	22
29	0344827586206896551724137931	28
31	032258064516129	15
37	027	3
41	02439	5
43	023255813953488372093	21
47	0212765957446808510638297872340425531914893617	46
53	0188679245283	13
59	0169491525423728813559322033898305084745762711864406779661	58
61	0163934426229508196721311475409836065573770491803 27868852459	60
67	0149253731343283582089955223880597	33
71	01408450704225352112676056338028169	35
73	01369863	8
79	0126582278481	13
83	01204819277108433734939759036144578313253	41
89	01123595505617977528089887640449438202247191	44
97	0103092783505154639175257731958762886597938144329 8969072164948453608247422680412371134020 6185567	96

由此可以看出，对于 2 和 5 以外的素数 p 而言，有理数 $1/p$ 的循环节的长度为 $p-1$ 的约数的个数。

那么，素数 p 与循环节之间还存不存在更加清晰的关系呢？也就是说循环节的长度能否用素数 p 表示呢？

这是一个至今尚不知答案的问题。

最终问题还是归结到素数之谜的范围内了。提到素数，人们自然会联想到至今悬而未解的难题——黎曼猜想。我们用计算器进行分数的计算，结果却跟黎曼猜想联系了起来，这真是令人不可思议的有趣现象。

◆ 掌握数学之谜的素数

我们从 $\sqrt{}$ 之谜说到分数之谜，最后竟涉及了黎曼猜想。

2 500 年前，毕达哥拉斯就已经发现了无法用分数表示 $\sqrt{2}$ 的问题，而当时肯定还没有计算器，计算器是 20 世纪后半叶才出现在我们地球上的。

也就是说，我们的前人是完全依靠笔算发现了隐藏在数字背后的复杂数学问题。数学的发展结果促使人们发明了计算器，小小的计算器中高度凝聚着数学的精华。

前人是通过大量笔算历尽磨难才获得结果的，尽管如此，有些问题至今仍然悬而未决。好在我们今天可以不像他们那样辛苦，只要轻轻敲击按键就能知道计算结果了。

敲击计算器按键，事实上就等于是在提取数学精华，仅仅将计算器当成运算的工具，实在有点儿太过可惜。

尝试敲击平时不用的按键，尝试用计算器进行各种运算。

我们将会领略一番不一样的风景，计算器能够成为我们接触数学世界的好帮手。

计算器是搭载我们快速进入数学世界的便捷快车。

三角函数支撑视频和音频

sin 的词源是"港湾"?

还记得高中学过的三角函数吗?还记得曾为"sin""cos"
问题而苦恼吗?

现在就来复习一下。请看下图。

◆三角比

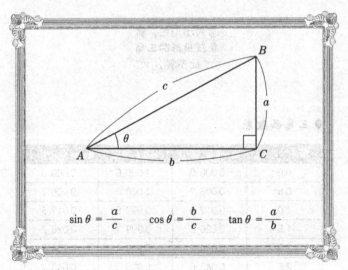

$$\sin \theta = \frac{a}{c} \qquad \cos \theta = \frac{b}{c} \qquad \tan \theta = \frac{a}{b}$$

有角 C 为直角（90°）的三角形 ABC，设边 $BC = a$，$CA = b$，$AB = c$，当角 A 的大小一定时，各边长之比（a/c、b/c、a/b）也一定，与三角形的大小无关。这时的各边长之比分别称为 sin（正弦）、cos（余弦）和 tan（正切），统称"三角比"。

三角函数是怎样发展而来的呢？它的发展历史蕴含着数学家和天文学家不懈的努力以及卓越的智慧。

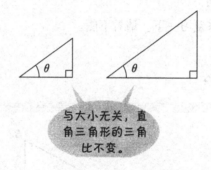

与大小无关，直角三角形的三角比不变。

◆ 三角函数表

角（°）	sin（正弦）	cos（余弦）	tan（正切）
0.0	0.000 0	1.000 0	0.000 0
0.5	0.008 7	1.000 0	0.008 7
1.0	0.017 5	0.999 8	0.017 5
1.5	0.026 2	0.999 7	0.026 2
2.0	0.034 9	0.999 4	0.034 9
2.5	0.043 6	0.999 0	0.043 7
3.0	0.052 3	0.998 6	0.052 4
3.5	0.061 0	0.998 1	0.061 2
⋮	⋮	⋮	⋮

让天文学家感到头疼的计算之一就是三角函数。三角函数表示的是"包含这个角的直角三角形的两个边的比率",属"三角学"的范畴。三角学在英语中称作"trigonometry",表示"三角测量"的意思。

三角学及三角函数产生于 4 000 年前的古埃及,后来古希腊天文学家喜帕恰斯(公元前 190 年前后—公元前 120 年前后)、克劳狄乌斯·托勒密(公元 83 年前后—公元 168 年前后)等人将其引入天文学领域,并不断研究,使其在天文学中得到广泛应用。

托勒密在中心角 0°~ 180° 的范围内每隔 0.5° 对弦长进行了计算,并将结果归纳为表格。这一研究成果后来传入印度,并被完善为"三角函数表"。

"sin"一词产生于三角函数的发展历程之中。

过去,印度人曾将"sin"称为"jya",表示"弦"的意思。当这一名词传入阿拉伯时,则变成了"jaib",而这一发音在拉丁语中表示"港湾"的意思。这样一来,从 12 世纪起,表示"港湾"的词"sinus"就在三角函数中推广开来。

经历了漫长的历史沧桑,最终演变成我们现在使用的 sin、cos 则是 18 世纪数学家欧拉诞生之后的事情了。

星光指引着三角学

三角函数表主要应用于天文、测量及航海等领域,其中应用于天文学领域的称为"球面三角学",需要在三角函数之间进行乘法运算。

前面我们提到，内皮尔在 17 世纪发明了"对数"，这是一种具有里程碑意义的计算方法，这种方法就是为了使天文学家计算三角函数更加简便。

◆ 托勒密定理

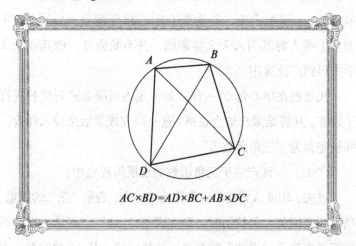

$$AC \times BD = AD \times BC + AB \times DC$$

托勒密不仅完成了用于计算星球运行的三角函数表，而且发现了圆内接四边形 ABCD 4 条边长之间的关系。

如上图所示，托勒密发现"$AC \times BD$ 之值与 $AD \times BC + AB \times DC$ 相等"，这就是所谓的"托勒密定理"。"三角函数""对数"等词是在星光引导之下才创造出来的，是我们人类在测量地球的不断奋斗中获得的新词和工具。

通过对历史的了解，看似枯燥乏味的三角函数在我们心中的印象也许会有所改变。

生活中的三角函数

现在，三角函数已经应用到了视频、音频数据的压缩技术之中。

在保存和传输互联网世界日益增长的海量数据时，高效的压缩技术不可或缺。现在通用的图像压缩技术有 JPEG，视频－音频压缩技术为 MPEG。

本来图像、视频－音频是模拟信号，保存和传输时必须压缩成数字信号，压缩时必须对信号进行转换。

如：将"是是是是五五五个库库库库库库库"这样 15 个字符的数据改为用"是 4 五 3 个 1 库 7"来表示，那么就可以将字符数据缩减到 8 个，这就是数据压缩的基本原理。用这种方法压缩的数据，解压后完全可以恢复原样。

图像－音频压缩主要是通过过滤掉人的眼睛或耳朵无法感知的数据来实现的，即削减数据总量。

人类的视觉和听觉对低频部分比较敏感，而对高频相对迟钝。因此，除去人们原本就难以看到或听到的高频数据并不影响人们看到的画质或听到的音质，数据压缩的秘密也正在于此。

◆ **用于压缩的方程式**

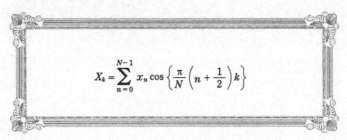

$$X_k = \sum_{n=0}^{N-1} x_n \cos\left\{\frac{\pi}{N}\left(n+\frac{1}{2}\right)k\right\}$$

这里使用的基本技术称为"离散余弦（cos）变换"，采用这种方法可以实现对数据的大幅压缩，但解压时无法完全恢复。

如上所示，数据压缩方程式中有 cos 参与，因此我们平时不知不觉中通过互联网浏览或下载的图像、视频、音频，其实都与三角函数有关。

从古希腊至今，2 000 多年来，我们人类其实是与三角函数共同发展，一起携手走过来的。

三角函数又能与人生有什么关系？

上学的时候也许你曾有过这样的想法。其实，这种想法大错特错了，支撑当今世界互联网的，支撑我们今天现代生活的，不是别的，正是三角函数。

曾经勇敢探索海洋的人类，今天已经航行在互联网这个新的"大洋"之中，而三角函数就是我们的指南针，引导着人类不断进步。

江户时代的乘法口诀只有 36 条

可以不记的乘法口诀

现在日本教科书中的乘法口诀从"一一得一"到"九九八十一"共有81条,但江户时代的乘法口诀只有36条。

背诵乘法口诀时,一般都是从"一一得一"开始,再到"二二得四",然后再是"三三得九"等。你有没有想过"一一得一,一二得二,……一九得九"其实不用特别背诵就可以记住?

还有,将乘数和被乘数颠倒过来的"几一得几"也可以不用特别背诵,如"3×1""2×1"等。

以上不用特别背诵的一共17条($9 + 8$)。

另外在记忆的时候,乘数小的口诀容易记忆,如"$3 \times 9 = 27$"。记住了这个,乘数大的"$9 \times 3 = 27$"就可以不背了。

也就是说,只要记住了"较小数 A × 较大数 B",就没有必要再去背诵"较大数 B × 较小数 A"。

$3 \times 2 = 6$, $4 \times 2 = 8$, $4 \times 3 = 12$, $5 \times 2 = 10$, $5 \times 3 = 15$, $5 \times 4 = 20$, … $9 \times 5 = 45$, $9 \times 6 = 54$, $9 \times 7 = 63$, $9 \times 8 = 72$

这样又可省去28($1 + 2 + 3 + 4 + 5 + 6 + 7$)条。

所以一共有 45（17＋28）条不用背诵。

这样一来，必须背诵的也就只剩 36（81-45）条了。

99 条乘法口诀中竟然有超过半数的 45 条可以不用背诵！我们不禁要问："为什么不编写一部只要求背诵 36 条乘法口诀的教材呢？"

◆ 99 条乘法口诀只需背诵 36 条

1×1	2×1	3×1	4×1	5×1	6×1	7×1	8×1	9×1
1×2	2×2	3×2	4×2	5×2	6×2	7×2	8×2	9×2
1×3	2×3	3×3	4×3	5×3	6×3	7×3	8×3	9×3
1×4	2×4	3×4	4×4	5×4	6×4	7×4	8×4	9×4
1×5	2×5	3×5	4×5	5×5	6×5	7×5	8×5	9×5
1×6	2×6	3×6	4×6	5×6	6×6	7×6	8×6	9×6
1×7	2×7	3×7	4×7	5×7	6×7	7×7	8×7	9×7
1×8	2×8	3×8	4×8	5×8	6×8	7×8	8×8	9×8
1×9	2×9	3×9	4×9	5×9	6×9	7×9	8×9	9×9

江户时代的乘法口诀更加合理

事实上，这样的教材在江户时代就有了，1627 年吉田光由编写了《尘劫记》，这部著作当时就创下了远超那个时代人气作家井原西鹤、十返舍一九等人作品的惊人销量，成为第一大畅销书。后来，《尘劫记》成为了普通百姓学习数学的经典教材，并大大激发了日本全民学习数学的热情。

不会读数就不能解题？

《尘劫记》中只有 36 条乘法口诀，但却有很多"命数法"

（数字读法）。

◆江户时代的教材中只有36条乘法口诀

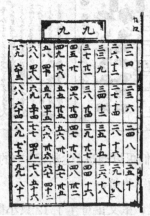

《尘劫记》的内容从命数法、单位、乘法口诀、珠算等基础知识开始，再到三角数、过不足算、鼠算遗题、分油算等，包含了很多与老百姓日常生活密切相关的问题，甚至还囊括了商业利息计算、工资计算、土木工程的面积/体积计算等应用性很强的问题。

这些问题用乘法计算后，答案得数都非常庞大。

我们今天仍在使用的命数法，如个、十、百、千、万、亿、兆、京……那由他、不可思议、无量大数等，在《尘劫记》中都已出现，其中有些巨大的数字单位，即使今天我们也不常用。那么，江户时代的人们为什么会用到这么巨大的数字单位呢？

◆ 鼠算遗题

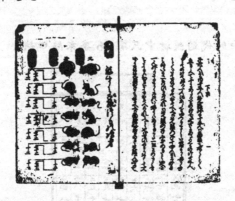

这个问题，我们可以通过《尘劫记》中的具体例子来回答。以"鼠算遗题"为例。

问题： 正月里，鼠父鼠母生了 12 只小鼠，于是大小鼠共 14 只。2 月里，两代鼠全部配对，每对鼠又各生了 12 只小鼠。因此共有 98 只。如此下去，每月所有的鼠全部配对，每对鼠又各生 12 只小鼠。12 个月后，鼠的总数是多少？

回答： 27 682 574 402（2×7^{12}）只。

顺便说一下，后来人们就将类似这种数量猛增的情况称为"鼠算式增长"。

另一个问题出自我的故乡——山形县。

问题： 一个数的 8 次方是 386 637 279 427 098 990 084 096，请问这个数是多少？

回答： 888。

这个题写在一块匾额上，称为"算匾"。

数学就是竞猜游戏

这两道题涉及的数都极其庞大，实际生活中几乎不可能遇到，即使高考命题大概也不会涉及。但江户时代，日本到处都在竞相解答此类问题，简直犹如今天的各类竞猜游戏那么风靡。

◆供奉于远贺神社（山形县）的"算匾"（1695）

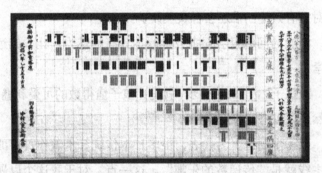

与其说江户时代实际生活中需要大数，倒不如说那时竞猜游戏需要大数。

如此看来，日本人热衷于各类竞猜并非始于今天，早在江户时代就已有明显征兆了。

《尘劫记》是一部优秀的教材

《尘劫记》的魅力用简单几句话无法说清，仅举插图一例，便可见一斑。不看别的，只是翻过一张张书页，你就会被不断映入眼帘的插图所吸引，进而对问题本身产生兴趣。

《尘劫记》凭借超群的趣味性和可爱的插图，使阅读它的孩子们无不被深深吸引，进而感受数学的妙趣，它培育了江户时代少年儿童体会数学乐趣的童心，是一部难得的优秀教材。

江户时代的乘法口诀十分合理，去除了背诵 81 条口诀的无用功。而且，《尘劫记》中的题目个个都引人入胜，再配上可爱的插图，使读者不由自主地想动手解题。

如果教材没有插图，只堆积一些枯燥乏味的问题，谁还会对它有兴趣？谁还会喜欢上数学？

枯燥的问题只会损害数学原本具有的魅力，让人们远离数学。

教孩子"数"的第一步，就是让孩子懂得数的可爱和魅力，当然还可以搭配一点点神秘。

以《尘劫记》为代表，很多日本传统算术著作贯穿的一条主线就是"传递数的乐趣"。这一点，对于我这个以展示数学魅力为职业的人来说非常值得借鉴和学习。

令人感动的数学家的故事——高木贞治

高木贞治（1875—1960）

日本历史上第一位享有国际声誉的数学家，在代数数论方面做出了杰出贡献。

菲尔兹奖的价值超过诺贝尔奖?

数学在日本的群众基础并不扎实，究其原因，可能是因为它与其他自然科学或工科相比有着明显不同。

这个不同就是数学没有诺贝尔奖。

物理学有诺贝尔奖，如果日本人得奖，立刻就会在国内引起轰动，产生极大影响。假如数学也有诺贝尔奖，它能改变数学在日本的现状吗?

数学界的最高奖称为"菲尔兹奖"。这个4年评选一次的奖项，每次最多授予4人，而且获奖者的年龄"不得超过40岁"，评奖条件相当苛刻。

诺贝尔奖没有年龄限制，因此高龄获奖者并不少见，但菲尔兹奖只授予活跃在研究一线的年轻学者。

日本人曾经获得过菲尔兹奖，而且不止一人，但这个事实又有多少人知道呢?

日本共有 3 位数学家获得过菲尔兹奖,他们分别是小平邦彦(1915—1997)、广中平佑(1931—)、森重文(1951—)。

首位获奖的日本人是小平邦彦。1954 年,他因"调和积分论研究"而获奖,后又创建复流形理论,对后来的数学研究产生了重要影响。

之后,广中平佑于 1970 年、森重文于 1990 年分别以"代数复流形的奇点解消问题研究"和"三次方代数复流形极小模型的存在定理"获得该项大奖。

从国别来看,获菲尔兹奖最多的是美国,接下来依次是法国、俄罗斯和英国(亚洲国家中越南 1 人,日本 3 人)。3 位日本数学家虽说获得了如此珍贵的大奖,但在日本并没有引起足够重视,也未赢得应有的声誉。

物理学的研究对象大多为宇宙或其他物质,尽管非常复杂,但却比较容易获得公众的理解,而且研究成果大多可以应用于社会,具有明显的实用性。相比之下,数学的研究对象十分抽象,实用性也不突出,很难引起公众的关注。

然而,就在这些从事世界最尖端问题研究的数学家中,从来不乏充满个性的可爱人物,也留下过不少奇闻轶事。

日本曾是世界首屈一指的数学大国,人们对于数学的热情延续至今。下面,我就介绍一下曾经担任第一届菲尔兹奖评奖委员会委员的国际著名数学家高木贞治。

宏伟壮丽的类域论

提起"类域论"我就觉得被希尔伯特骗了，当然说"被骗"有失准确，其实是自己有点儿自以为是罢了，结果就"被误导了"。

——《近世数学史谈》，高木贞治著

◆**按顺序排列素数**

2，3，5，7，11，13，17，19，23，29，31，
37，41，43，47，53，59，61，67，71，73，79，
83，89，97，101，103，107，109，113，……

说这话的是高木贞治。类域论的理论体系宏伟壮丽，不愧为 20 世纪数学的金字塔，高木贞治正是因为在这一理论方面的杰出贡献而驰名世界。那么，类域论到底是个怎样的理论呢？

先看一下素数。

所谓"素数"就是仅拥有"1"和自己本身这两个约数的自然数。所有自然数都由素数构成，素数是构成数的基本单位。整数论的一大目的就是研究素数的性质。

◆ 素数可分为两类

在研究"基本单位"这一点上，整数论和粒子物理学相似，只不过粒子物理学研究的是构成物质的最基本单位。

就像在原子中存在周期性一样，素数之中也存在周期性。

如上页图所示，如果按顺序从小到大排列下去，素数有无限多个。

需要指出的是，早在 2 000 多年前欧几里得就已经完美地证明了素数的无限性。

除4余1的素数 $p \equiv 1 \,(\mathrm{mod}\,4)$	除4除3的素数 $p \equiv 3 \,(\mathrm{mod}\,4)$
5，13，17，29，37，41，53，61，73，89，97，101，109，113，…	3，7，11，19，23，31，43，47，59，67，71，79，83，103，107，…

素数被分为了两组！

◆ 将 "除4余1的素数" 用 $x^2 + y^2$ 的形式进行分解

$$5 = 2^2 + 1^2 = (2 + i)(2 - i)$$
$$13 = 3^2 + 2^2 = (3 + 2i)(3 - 2i)$$

i 为虚数单位（$i^2 = -1$）。

欧几里得（公元前 365？—公元前 300？）

下面把无限多的素数进行分类。除 2 以外，素数全部为奇数（2 是唯一的偶数素数），用 4 除以这些素数，所得余数为 1 或 3。

那么这两类素数之间有什么不同吗？

17 世纪，费马发现了如下现象。

"除 4 余 1 的素数 p" 可以用 "$x^2 + y^2 = (x + yi)(x - yi)$（$x$、$y$ 为整数）" 来表示。用专业术语说就是 "$p = x^2 + y^2 = (x + yi)(x - yi)$，在二次域 $Q(i)$ 的整数环 $z[i]$ 中分解为两者的积"。

费马（1601—1665）

产生这种现象的原因是什么？探寻其中深层规律的学问就是整数论，而类域论属于整数论的一个部分，这与探索原子内部奥秘的粒子物理学是同一个道理。

不好意思，下面的部分需要使用专业术语进行叙述。

"代数体 k 的阿贝尔扩张特征，由 k 的整数环素理想的分裂而定。"

这就是高木贞治创立的类域论。

1857 年克罗内克提出了著名的世界难题"克罗内克的青春梦"，1920 年这一难题随着类域论的创立，在高木贞治的手中得到了完美解决。

首位东方挑战者

我们暂且将类域论、"克罗内克的青春梦"按下不表，先来看看高木贞治是如何立志走上研究数学之路并最终确立了类域论的。

上小学时，高木贞治学习十分刻苦，当别的同学为捕捉昆虫而漫山遍野到处乱跑时，他总是不为所动，专心学习，小学期间的成绩全部为 5 分（优）。

邻居的孩子常被父母训斥："你看人家高木家的孩子是怎么学习的，再看看你！不像话！"

高木贞治进入中学后成绩仍然居全年级第一，古汉文、英语和数学特别出色，慢慢地他有了考入京都第三高等学校（京都大学的前身）学习数学的想法。

然而，高木贞治 19 岁时却以十分优异的成绩考入了东京帝国大学数学科（即现在的东京大学理学部数学科），当时东京帝国大学数学科的老师中有菊池大麓、藤泽利喜太郎两位优秀教授，菊池大麓曾先后担任东京帝国大学总长和文部大臣，是著名的数学家和政治活动家；藤泽利喜太郎则是率先将欧洲现代数学介绍到日本的著名学者。

　　藤泽利喜太郎对教学非常认真负责，开设了名为"数学讲究"的课程，努力培养数学研究人才。高木贞治后来去德国留学，就是藤泽全力推荐的结果。

菊池大麓（1855—1917）　　藤泽利喜太郎（1861—1933）

弗罗贝尼乌斯（1849—1917）　　希尔伯特（1862—1943）

　　高木贞治23岁时赴德国留学，这对他的人生产生了决定性影响。在柏林大学他与以研究代数见长的著名学者弗罗贝尼乌斯相识，在格丁根大学则遇到了希尔伯特。

尽管拥有这段在当时世界的数学研究中心留学的宝贵经历，但高木贞治本人对这段历史的回顾却显得相当平淡。

出发前往德国时我是相当意气风发，但等到该回国的时候却变得有些垂头丧气了，当时只写了一篇论文，内容是关于双纽线的，当然比较幼稚。我把这篇文章交给了希尔伯特，不过当时德国人普遍认为日本人就是来混学位的，所以可能他也没有认真阅读，就把我当成想要博士学位的混混了。于是，我只好带着这篇论文回到日本，并用它作为博士论文取得了学位。要说从德国带回了什么？大概就只有这篇论文了。

——《近世数学史谈》，高木贞治著

无论是时间的流逝还是世界风云的变幻，都没有改变高木贞治留德期间选定的研究课题——"代数的整数论"。纵观整个世界，当时除格丁根以外，还没有任何其他地方有人开展这项研究，在东方更是无人涉足这一领域。尽管如此，高木贞治还是义无反顾地踏上了自己选定的研究之路。

1898 年高木贞治在留德期间撰写过一部专著，名叫《新撰算术》，从这本书中我们可以窥见他观察和研究数学的立足点——自然数论。当然他的自然数论与佩亚诺于 1891 年提出的"佩亚诺公理"是没有关系的。

高木在定义自然数的基础上，以公理的形式构建了实数，

并且在 1904 年出版的《新式算术讲义》中再次对实数进行了
系统论述。他将对"数的概念"的探求这种最根本的数学问
题当成了自己研究的基础，这种精神同样也贯穿于《解析概论》
（1938）之中，并伴随着《解析概论》的畅销而影响着现在
的我们。

但要完成类域论的创立还必须具备一个条件，那就是在
空间上、时间上和西方完全隔绝。

第一次世界大战与"克罗内克的青春梦"

大体上讲我是这样一个人，就是没有刺激什么都干不成。
和现在不同，以前在日本找不到几个我们的同行，所以工作
上完全感觉不到什么刺激，同样生活方面也是优哉游哉，根
本不像现在这么紧张。也许人们会觉得，你一天到晚那么悠
闲所以才搞出了类域论吧，其实完全不是那么回事。

1914 年第一次世界大战爆发，这对我倒是一大刺激。说
是刺激，其实也是个机会，如果一定要把它看成刺激，肯定也
不能算什么好刺激，总之德国的书没办法得到了。记得那时报
纸上吵吵嚷嚷了很长时间，说好像某某某说了，"德国的书都
来不了了，日本人还做什么学问？"又有人说他好像没说，有
的人同情他，也有冷嘲热讽的，不一而终。总之遇上了战争，
书也买不来了，自己不干不行啊！这样才有了类域论。假如没
有第一次世界大战，我可能还是优哉游哉，什么都不做。

——《近世数学史谈》，高木贞治著

对人类来说是个悲剧的第一次世界大战，却意外成为了高木贞治着手开始研究的契机，并最终开花结果。

在代数的整数论中有个概念叫"阿贝尔扩张"，为了搞清这个问题，我们先看看三次方程式。

三次方程式必然有 3 个解，3 个解之间存在一定关系，这就称为"群"。

"群论"的发明者是一位年轻的数学家，名叫伽罗瓦，遗憾的是他在 21 岁时便英年早逝。另一位年轻的数学家叫阿贝尔，他证明了五次及五次以上方程式不存在统一的公式解，同样遗憾的是这位才俊也早早离开了这个世界。

伽罗瓦（1811—1832）

阿贝尔（1802—1829）

关于这个方程的解，之前人们知道，只要满足"某个条件"就可成为"阿贝尔扩张",但德国数学家克罗内克的想法却正好相反,他认为"阿贝尔扩张"可满足"某个条件",这就是"克罗内克定理"。

克罗内克的经历比较独特,他于 1849 年获得博士学位,但却没有马上成为学者开始研究生涯,而是进入银行成为一名银行职员。直到 8 年后,他为追寻自己的青春梦想,才又回到研究领域中来。

克罗内克定理所称的"条件"之中,有一个"有理数域 Q",此数域在一个被称为"虚二次域"的更大范围内也可以成立。这就是克罗内克猜想,被称为"克罗内克的青春梦"。

◆ **克罗内克定理**

> 有理数域 Q 的有限次扩张域以及 Q 的阿贝尔扩张,在 $n \geq 1$ 时,可由在为 Q 添加 1 的原始 n 次方根 ζ_n 后所得之域 $Q(\zeta_n)$ 的一部分中获得。

克罗内克(1823—1891)

类域论成就了"克罗内克的青春梦"

高木留德期间在解决"克罗内克的青春梦"上无疑是成功的，但这种成功只是部分，而并不是全部。他首创了"域"的概念，并将其作为"阿贝尔扩张"的限制条件。后来，德国数学家借助"域"的概念进一步认为，在域之外还有更加特别的域的存在，并按照这样的思路努力破解"克罗内克的青春梦"。

高木贞治回到日本后，第一次世界大战爆发，西方的一切信息再也无法进入日本，于是高木踏上了依靠自己的力量从事学术研究的道路。

他选择的研究方向就是域，并希望将域彻底搞懂搞透。最终，他成功拿到了"阿贝尔扩张就是域"的证据。

1920年，高木发表论文"关于相对阿贝尔数域的理论"，彻底解析了"克罗内克的青春梦"。

类域论的演进

1925年，德国的哈塞介绍了高木的理论。1927年，埃米尔·阿廷对类域论做了重要补充。另外，埃尔布朗、谢瓦莱等人将艰涩高深的类域论做了通俗化解释，并实现了算式化。

第二次世界大战后类域论继续得以不断发展，高木的理论席卷全球，构建起了20世纪数学王国的金字塔。

珍藏的数学故事

1932 年，第一届菲尔兹奖举行评奖，高木贞治受邀担任评奖委员会委员。1955 年，"代数整数论国际会议"在日本召开，高木担任名誉主席。高木贞治不仅是日本的，更是世界的，他在世界数学领域留下了深深的足迹。

历史总会有惊人的相似之处，第一次世界大战结束 20 年后再次爆发了世界大战。与其说是相似，倒不如说是继续，学术类著作和杂志的进口遭到禁止的时代又来临了。在这种形势下，原本兴起于第一次世界大战期间的当代抽象数学，不知从什么时候开始悄然回归到了对古典数学进行全面、彻底审视的状态。这种新的方法刚刚起步，现在实难预测将来的发展方向和结果。但仅从目前的情况来看，似乎已经取得了相当清晰且令人鼓舞的成果，恐怕我们不得不承认这个铁的事实。学术研究与外部世界的交流完全中断，让人多少感到有些沮丧，但我热切期望，当和平到来之时，人们揭开底牌后就会发现日本数学界能够充满自信地向世界展现自己潜心研究的美丽花朵。

——《近世数学史谈》，高木贞治著

面对战争这种无法抗拒的局面，以及日本在世界上的空前孤立，高木贞治没有迷失自我，而是勇敢地面对现实，并且最终将胜利掌握在了自己手中。

高木的所作所为给后来的年轻学者树立了光辉榜样，他用实际行动诠释了在数学领域"日本能够比肩世界"这个道理。

高木贞治培养了弟子弥永昌吉（1906—2006），弥永昌吉又培养出了小平邦彦（1915—1997）、岩泽健吉（1917—1998）、佐藤干夫（1928— ）等世界级的著名数学家，他们继承了高木贞治的事业，为日本数学的发展做出了更大的贡献。

类域论是在伟大数学家们的不断努力之下诞生的。

◆**高木贞治略年谱**

明治	八年（1875）	4 月 21 日生于岐阜县本巢郡丝贯町
明治	十五年（1882）	一色小学入学
明治	十九年（1886）	岐阜县寻常中学入学
明治	二十四年（1891）	京都第三高等学校入学
明治	二十七年（1894）	东京帝国大学数学科入学
明治	三十年（1897）	东京帝国大学数学科毕业，研究生院入学
明治	三十一年（1898）	作为文部省官派留学生赴德留学
明治	三十四年（1901）	从德国返回日本，担任东京帝国大学数学科副教授
明治	三十六年（1903）	取得学位
明治	三十七年（1904）	担任东京帝国大学教授
大正	九年（1920）	类域论论文"关于相对阿贝尔数域的理论"
大正	十一年（1922）	论文"幂剩余的互律"
大正	十四年（1925）	当选帝国学士院会员
昭和	七年（1932）	当选第一届菲尔兹奖评委
昭和	十一年（1936）	东京帝国大学教授退休
昭和	十五年（1940）	被授予文化勋章
昭和	三十年（1955）	担任"代数整数论国际会议"名誉主席
昭和	三十五年（1960）	2 月 28 日去世

第三部分

迷人的超值数学

奇妙的素数一：可能素数

素数很难？

素数确实很难。

难就难在判断"一个数是否是素数"。

大于1的自然数要么是素数，要么是合数。

所谓"合数"是指"可以用两个或两个以上素数的积表示的自然数"，例如6和30等，分别可以用 2×3 和 $2 \times 3 \times 5$ 这些素数的积来表示。

判断一个数是素数还是合数，听起来好像很简单，实际上非常困难。

下面的话题涉及"费马小定理"和"可能素数"，大家一定能够从中体会到判断素数的难度。

何为"费马小定理"？

费马小定理就是"如果 p 为素数，则整数 n 的 p 次方除以 p，它的余等于 n"。

数学家费马（1601—1665）除提出了"费马小定理"之外，还提出了另一个数学定理，称为"费马大定理"，又称"费马最终定理"。费马大定理的主要内容是"当 n 为大于2的整数时，$x^n + y^n = z^n$ 除 $xyz = 0$ 的解外，没有其他整数解"。

1994 年，英国数学家安德鲁·怀尔斯证明了这个定理。

● **素数 $p = 3$**

$2^3 = 8$，$8 \div 3$，商 2 余 2

$3^3 = 27$，$27 \div 3$，商 8 余 3

$4^3 = 64$，$64 \div 3$，商 20 余 4

$5^3 = 125$，$125 \div 3$，商 40 余 5

● **素数 $p = 5$**

$2^5 = 32$，$32 \div 5$，商 6 余 2

$3^5 = 243$，$243 \div 5$，商 48 余 3

$4^5 = 1\,024$，$1\,024 \div 5$，商 204 余 4

$5^5 = 3\,125$，$3\,125 \div 5$，商 624 余 5

其中，余数与所选整数 n 相等。

下面再看一些更大的数。

● **素数 $p = 17$**

$2^{17} = 131\,072$，$131\,072 \div 17$，商 7\,710 余 2

$3^{17} = 129\,140\,163$，$129\,140\,163 \div 17$，商 7\,596\,480 余 3

$4^{17} = 17\,179\,869\,184$，$17\,179\,869\,184 \div 17$，商 1\,010\,580\,540 余 4

$5^{17} = 762\,939\,453\,125$，$762\,939\,453\,125 \div 17$，商 44\,878\,791\,360 余 5

余数依然等于所选整数 n。

用公式表示：$n^p \equiv n(\bmod p)$。

费马小定理中，指数部分必须为素数。

举例来看，假如指数为 6（合数），余数就不会等于所选整数，而是数值比较凌乱，没有规律。

● 合数 $p = 6$

$2^6 = 64$，$64 \div 6$，商 10 余 4

$3^6 = 729$，$729 \div 6$，商 121 余 3

$4^6 = 4\,096$，$4\,096 \div 6$，商 682 余 4

$5^6 = 15\,625$，$15\,625 \div 6$，商 2\,604 余 1

这似乎说明费马小定理与素数之间的关系很微妙。接下来，我们通过具体实例去探寻一下这些奥秘。

◆计算验证费马小定理

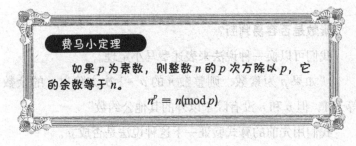

费马小定理

如果 p 为素数，则整数 n 的 p 次方除以 p，它的余数等于 n。

$$n^p \equiv n(\bmod p)$$

● **素数 $p = 3$**

$2^3 = 8$ ············· $8 \div 3 = 2$ 余 2

$3^3 = 27$ ············· $27 \div 3 = 8$ 余 3

$4^3 = 64$ ············· $64 \div 3 = 20$ 余 4

$5^3 = 125$ ············· $125 \div 3 = 40$ 余 5

> 指数部分若为素数，所选整数与余数相等。

● **素数 $p = 5$**

$2^5 = 32$ ············· $32 \div 5 = 6$ 余 2

$3^5 = 243$ ············· $243 \div 5 = 48$ 余 3

$4^5 = 1\,024$ ············· $1\,024 \div 5 = 204$ 余 4

$5^5 = 3\,125$ ············· $3\,125 \div 5 = 624$ 余 5

其中，余数与所选整数 n 相等。

下面再看一些更大的数。

● **合数 $p = 6$**

> 指数部分若为合数，所选整数与余数不等。

$2^6 = 64$ ············· $64 \div 6 = 10$ 余 4

$3^6 = 729$ ············· $729 \div 6 = 121$ 余 3

$4^6 = 4\,096$ ············· $4\,096 \div 6 = 682$ 余 4

$5^6 = 15\,625$ ····· $15\,625 \div 6 = 2\,604$ 余 1

素数是否容易判断？

我们可以换一种说法来表述费马小定理。

　"如果 p 为素数，则整数 n 的 $p-1$ 次方除以 p 的余数等于 1，但 p 和 n 没有除 1 以外的其他公约数"。

　我们用先前的算式验证一下这种说法是否成立。

● **素数 $p = 3$**

$2^2 = 4$，$4 \div 3$，商 1 余 1

$3^2 = 9$，$9 \div 3$，商 3 余 0（$p = 3$ 和 $n = 3$ 的公约数为 1 和 3）

$4^2 = 16$，$16 \div 3$，商 5 余 1

$5^2 = 25$，$25 \div 3$，商 8 余 1

● **素数 $p = 5$**

$2^4 = 16$，$16 \div 5$，商 3 余 1

$3^4 = 81$，$81 \div 5$，商 16 余 1

$4^4 = 256$，$256 \div 5$，商 51 余 1

$5^4 = 625$，$625 \div 5$，商 125 余 0（$p = 5$ 和 $n = 5$ 的公约数为 1 和 5）

因为 $p = 3$，$n = 3$ 和 $p = 5$，$n = 5$ 不符合 "p 和 n 没有除 1 以外的其他公约数" 这个条件，所以可以排除在外，其余都可以成立。

在此，我们复习一下 "取对偶" 这个概念。

所谓 "取对偶" 就是否定一个假设以及这个假设的结论，同时从完全相反的角度重新设立一个假设和结论，也就是说，"假设 A，则 B 成立" 的对偶就是 "如果不是 B，则 A 就不成立"。

由于两者的逻辑关系一致，所以只要证明了 "如果不是 B，则 A 就不成立"，也就等于证明了 "假设 A，则 B 成立"。

下面取费马小定理的对偶。

"如果整数 n 的 $p-1$ 次方除以 p，它的余数不等于 1，则 p 就不是素数，但 p 和 n 没有除 1 以外的其他公约数"。

◆ 费马小定理的对偶

费马小定理

如果 p 为素数，
则整数 n 的 p 次方除以 p，它的余数等于 n。
但 p 和 n 没有除 1 以外的其他公约数。

对偶

费马小定理的对偶

如果整数 n 的 $p-1$ 次方除以 p，它的余数不等于 1，
则 p 就不是素数（ = p 为合数），
但 p 和 n 没有除 1 以外的其他公约数。

"p 不是素数"就等于"p 是合数"，因此下面的说法也成立。

"如果整数 n 的 $p-1$ 次方除以 p，它的余数不等于 1，则 p 为合数，但 p 和 n 没有除 1 以外的其他公约数"。

这样，我们可以得知，费马小定理可以用来检测一个数是否为合数。

例如：设 $p = 8$

$5^7 = 78\,125$

$78\,125 \div 8$

商 $9\,765$ 余 5

因余数不等于 1，所以 8 是合数。这个结论是正确的。

既然费马小定理可以用来检测合数，那么它是否可以检测素数呢？它是否可以成为人们发现更大素数的有力武器呢？

很多人都会抱有这样的期待。

可能是……素数

我们来计算一下大一些的数。

7^{24} = 191 581 231 380 566 414 401

191 581 231 380 566 414 401 ÷ 25

商 7 663 249 255 222 656 576 余 1

因为余数是 1，所以 25 会不会是……

但 25 = 5×5，显然不是素数。

这个例子明确告诉我们，"p 和 n 没有除 1 以外的其他公约数，假如整数 n 的 $p-1$ 次方除以 p 之后的余数等于 1，则 p 为素数"不能成立。

所以，非常遗憾，费马小定理不能成为检测素数的工具。

但有一点十分明确，即依据费马小定理进行计算后，当余数为 1 时，p 为素数的概率较高，人们把这类 p 称为"可能素数（probable prime）"。

另外，"可能素数"中那些实际上不是素数的数称为"伪素数"。准确的表述是将"p 和 n 没有除 1 以外的其他公约数，整数 n 的 $p-1$ 次方除以 p 之后的余数等于 1"的 p 称为"以 n

为基的可能素数"，公式表达为：*n–PRP*。

按照这个公式，先前的"可能素数 25 是伪素数"就可表达为：*7–PRP*。这个公式表示"25 这个数不包含因数 7（不能被 7 除尽）"。

类似可能素数以及伪素数这种带有迷幻色彩的素数犹如具有生命的动物一样，我们人类日夜奋斗，试图征服这些素数，将它们作为猎物收入自己的囊中。

如果我们能够发现一种高效的检测素数的方法，那将犹如掌握了火的用法一样，它将照亮神秘的数的世界，极大地推动人类文明的进步。

奇妙的素数二：倒过来读也是素数

何为回文素数？

"地满红花红满地"，倒过来读也不变，这样的句子称为"回文"。"12321"倒过来读还是一样，这样的数称为"回文数"。

回文数中的素数称为"回文素数"。下面，我们一起来寻找回文数中的回文素数。

1位数中的回文素数包括2、3、5、7。

2位数中只有一个回文素数——11。

3位数中共有14个回文素数，它们是：101，131，151，181，191，313，353，373，727，757，787，797，919，929。

4位数中没有回文素数。不仅如此，6位数、8位数、10位数等，所有位数为偶数的数中都没有回文素数。

◆ 倒过来读也相同的数——回文数

1 位数中的回文数（9 个）

1, 2, 3, 4, 5, 6, 7, 8, 9

2 位数中的回文数（9 个）

11, 22, 33, 44, 55, 66, 77, 88, 99

3 位数中的回文数（90 个）

101, 111, 121, 131, 141, 151, 161, 171, 181, 191, 202, 212, … 888, 898, 909, 919, 929, 939, 949, 959, 969, 979, 989, 999

> 其总数分别都是
> 10 × 9=90 个

4 位数中的回文数（90 个）

1 001, 1 111, 1 221, 1 331, 1 441, 1 551, 1 661, 1 771, 1 881, 1 991, 2 002, 2 112, … 8 888, 8 998, 9 009, 9 119, 9 229, 9 339, 9 449, 9 559, 9 669, 9 779, 9 889, 9 999

关键是"11 的倍数"

这其中隐含着回文素数的基本性质，即"偶数位数中的回文素数只有一个，它就是两位数中的11"。为什么会这样呢？因为所有偶数位数中的回文数都能被 11 除尽。

两位数中的回文数（11, 22, 33, 44, 55, 66, 77, 88, 99）都能被 11 除尽。

4位数中的回文数（1 001，1 111，…9 889，9 999）也都能被11除尽。

在此，我们先谈论一下有关11的倍数的判断方法。

"若一个数的个位数与每隔一个数位位数的和，与这个数的十位数与每隔一个位数的和之差为11的倍数，则这个数是11的倍数。"

用"2 717"来验算。个位数与每隔一个数位位数的和是7+7=14，十位数与每隔一个数位位数的和是1+2=3，两者之差14-3=11，是11的倍数，因此"2 717"是11的倍数。

接下来用这种方法来验证4位数以上的回文数。

◆ 11 倍数的判定方法

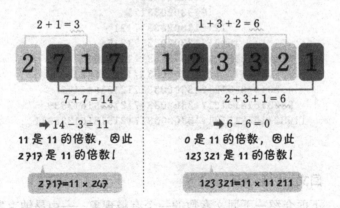

如6位数的回文数"123 321"，个位数与每隔一个数位位数的和是1+3+2=6，十位数与每隔一个数位位数的

和是 2+3+1=6，两者之差 6－6=0，0 是 11 的倍数，因此"123 321"是 11 的倍数。

在偶数数位的回文数中，"个位数与每隔一个数位位数的和"与"十位数与每隔一个数位位数的和"相等，因此两者之差永远是 0。

因此，我们可以得知，偶数数位的回文数全都是 11 的倍数，即"11 以外的回文素数全部由奇数数位构成"。

顺便提一下，有关回文素数是否无限多的问题现在依然悬而未决。

◆回文素数金字塔

```
                           2
                        30203
                     133020331
                  17133020033171
               121713302033317121
            1512171330203317121511... 
         181512171330203317121518...
      1618151217133020331712151...
   33161815121713302033171215181... 
9333161815121713302033171215181...
11933331618151217133020331712...
```

2
30203
133020331
17133020033171
121713302033317121
15121713302033317121511
181512171330203317121511811
16181512171330203317121518161
331618151217133020331712151816133
9333161815121713302033171215181661339
119333316181512171330203317121518161333911

回文素数金字塔

下面介绍一下回文素数的一个有趣现象——由昂纳克发现的"回文素数金字塔"。

这是一座由左右完全对称的数字构成的素数金字塔，兼具数的神秘和雄伟，令人百看不厌，其结构的完美完全不输于真正的金字塔。

奇妙的素数三：全部由 1 构成的素数

什么是循环单位？

由回文素数金字塔，我们想到了循环单位。

所有数字都为 1 的正整数，如 1、11、111 等，称作"循环单位"（也称"循环整数"），1964 年由数学家贝勒命名，是一种较新的数学概念。

"repunit"（循环单位）一词由"repeated"（循环）和"unit"（单位）组合而成。

下面，我们试求循环单位的平方。

1 的平方是 1，11 的平方是 121，111 的平方是 12 321，1 111 的平方是 1 234 321，所得值全部都是回文数。

◆循环单位的平方

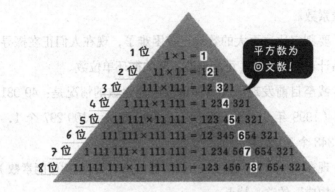

平方数为回文数！

1 位	$1 \times 1 = 1$
2 位	$11 \times 11 = 121$
3 位	$111 \times 111 = 12321$
4 位	$1\,111 \times 1\,111 = 1\,234\,321$
5 位	$11\,111 \times 11\,111 = 123\,454\,321$
6 位	$111\,111 \times 111\,111 = 12\,345\,654\,321$
7 位	$1\,111\,111 \times 1\,111\,111 = 1\,234\,567\,654\,321$
8 位	$11\,111\,111 \times 11\,111\,111 = 123\,456\,787\,654\,321$

循环单位金字塔的计算结果很有意思。

循环单位素数有无限多个吗？

与前面从回文数中找出回文素数一样，接下来我们从循环单位数中找出循环单位素数。

很明显，11 是最小的循环单位素数，但是要找出大于 11 的循环单位素数却并非易事。

19 个 1 和 23 个 1 构成的数是循环单位素数。

下一个更大的循环单位素数是 317 个 1 构成的数，再下一个就是 1 031 个 1 构成的数。这 5 个是已被证明了的循环单位素数。

要判定比这再大的数就比较困难了，现在人们正在探寻"估计可能是素数（可能素数）"的循环单位数。

截至目前发现更大循环单位可能素数的情况是：49 081 个 1（1999 年），86 453 个 1（2000 年），109 297 个 1，270 343 个 1（2007 年）。

现在我们来重点关注一下"循环单位素数（包括可能素数）由 1 构成"的这一特点：

2, 19, 23, 317, 1 031, 49 081, 86 453, 109 297, 270 343

我们可以发现，除 2 以外，所有 1 的总数（循环单位素数的单位数）都是奇数。

可以说，由 1 排列形成的循环单位素数也是回文素数，回文素数的特性——"除 11 以外的回文素数的位数全部都是奇数"，同样也适用于循环单位素数。

究竟什么时候才能最终证明如此庞大的循环单位是素数呢？

人们推测，循环单位素数可能有无限多个，但这一点还没有得到证实。如果哪天这一问题得到证实，那就意味着人们又揭开了数学的一层神秘面纱。

奇妙的素数四：素数与反素数

什么是反素数?

所谓"回文素数"就是像 30 203 这样反过来读也一样的素数。

在与此相似的素数中有一种反素数（emirp）。

无论是"反素数"还是"emirp"，乍一看似乎比较陌生，但只要仔细琢磨一下应该还是能明白它们的含义的。

把"emirp"反过来读，对了，就是"prime"（反过来的素数）。

"反素数"就是"把数字反过来读时，能够成为另一个素数的素数"。

例如：13、17、179、761 是反素数。

这 4 个数字是素数，反过来读就是 31、71、971、167，这就是反素数。

多数情况下，即使将素数的数字反过来也得不到反素数，在两位数的 21 个素数中，只有 8 个反素数。

◆寻找两位数的反素数

10	11	12	13 反素数	14	15	16	17 反素数	18	19
20	21	22	23	24	25	26	27	28	29
30	31 反素数	32	33	34	35	36	37 反素数	38	39
40	41	42	43	44	45	46	47	48	49
50	51	52	53	54	55	56	57	58	59
60	61	62	63	64	65	66	67	68	69
70	71 反素数	72	73 反素数	74	75	76	77	78	79 反素数
80	81	82	83	84	85	86	87	88	89
90	91	92	93	94	95	96	97 反素数	98	99

21个素数中只有8个反素数。

回文素数以及反素数在现代数学中都不能算是重要问题，但作为人们进入难度极高的素数世界的一扇大门，却是非常重要的。

要彻底揭开素数的神秘面纱，还有很长的路要走。

现在，我们可以一边品尝咖啡一边凝视素数表，寻找回文素数和反素数，从而度过一段"素数时光"，这应该也是一次不错的体验。

最后布置一个作业。

问题： 参照 139 页的素数分布表，找出 100 ~ 499 中的反素数。

回答： 107，113，149，157，167，179，199，311，337，347，359，389。

素数也分好多种呢！

可悲的素数

DVD 与数学及素数的奇特关系

下面介绍的素数样子有些奇特，与前面介绍的回文素数以及反素数完全不同，是现代数学领域里最深奥的问题。

为防止盗版，DVD 碟片中加入了防复制秘钥。

大多数 DVD 的内容保护秘钥采用的是层叠样式表单系统（Content Scramble System，CSS）。

这个系统的关键就是为视频内容加密，并将秘钥保存在不可复制的空间里。

如果用计算机等设备对碟片内容进行非法复制，其秘钥本身无法被复制，因此复制的文件无法打开。

针对这一情况，有人试图破解秘钥，使复制的文件能够正常打开。

1999 年，网上开始出现破解方法，其中比较著名的就是一款被称为"DeCSS"的 DVD 秘钥破译程序，作者在网上匿名发布的这个程序，瞬间传遍整个世界。

面对这一情况，美国电影协会首先挺身而出，依据著作权保护法向法院提起诉讼，要求网络终止传播该程序。2001 年，法院做出判决，认定使用及传播该程序违法。

但有人认为这一判决违反言论自由的规定，并举行了声势浩大的抗议活动。

素数——有意义的数列

在这种情况下，有人想出了非常巧妙的办法，绕开法律公开密码解锁程序。

在计算机中，程序是以"01010010011"这样的数（数列）形式存在的。将计算机程序改编为数列，这个数列本身并不具备特殊意义，但是只要对这个数列稍加改造（数值化），它就会变身为有意义的数列。

基于这种考虑，菲儿·卡莫迪选择素数作为有意义的数列，最大限度地发挥了数学的力量，巧妙地实现了程序的数值化并成功构建完成了一个素数。

将程序隐藏进素数里？

他的方法大致如下。

首先，运用压缩软件 gzip 将 C 语言（编程语言之一）书写的 DeCSS 进行压缩，此状态下程序只表现为由"0"和"1"构成的数列。将此数列变换为十进制，并用 k 表示。这时，只要解压压缩文件 k，就能还原程序 DeCSS。

设某数为 $k + k^1$，其中 k^1 为无意义数列。只要还原 k^1，就能还原 DeCSS。在此，他求出了数列 k^1。

下一步只要将 k^1 转变为有意义的数列（素数）就可以了。

在此，卡莫迪运用了"算术级数定理"，这个定理是德国数学家彼得·古斯塔夫·狄利克雷（1805—1859）于1837年证明的素数理论。

算数级数定理的主要内容是：初项与公差互素（初项与公差的最大公约数为1）的算数级数（等差数列）中，存在无限个素数。

换句话说，就是"对于互素的自然数 a、b 而言，从 $ak+b$（k 为自然数）中获得的素数是无限的"。

获得 k^1 的方法是：$k^1 = ak + b$。这样一来，即使不是真正的数列 k 本身，k^1 也可解压为原程序。

经研究，卡莫迪成功获得了某解压软件的 k^1 数列公式，即 $k^1 = k \times 256^n + b$，并成功确定了能够使 $k \times 256^n + b$ 成为素数的 n 和 b，即 $k \times 256^2 + 2\,083$ 和 $k \times 256^{11} + 99$。

卡莫迪在这里使用了"椭圆曲线素数检测法"，这一检测法由哥德瓦塞尔等人于1986年前后提出，其基于椭圆曲线上有理点域的位数进行素性判断，是现代数学的最尖端研究领域之一。

2001年，卡莫迪运用 $k \times 256^2 + 2\,083$ 获得了1\,401位的素数。

素数就可以公开吗?

实际上，促使卡莫迪下决心用素数来表述 DeCSS 的关键因素是考德威尔创建的素数信息网——The Prime Pages。这个网站不仅发表了目前已知的 20 个最大素数，而且以排行榜的形式不断更新各种素数的最新计算成果。

卡莫迪的"有意义数"并非普通意义上的一般素数，他的目标是打进这个网站排行榜前几位的特殊素数。

◆ **数列还原为程序**

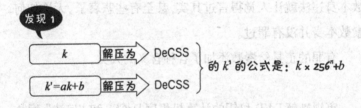

发现 1

k 解压为 DeCSS

$k' = ak + b$ 解压为 DeCSS

的 k' 的公式是：$k \times 256^n + b$

发现 2

搞清了能使 $k' = k \times 256^n + b$ 成为素数的 n 和 b

$k' = k \times 256^2 + 2083$；$k' = k \times 256^{11} + 99$

2001 年时，1 401 位的素数要想打进 The Prime Pages 的素数排行榜实在有点儿太小，不够资格。于是，卡莫迪运用 $k \times 256^{11} + 99$ 算出了 1 905 位的素数。

这个素数打进了当时 The Prime Pages 网站运用椭圆曲线素数检测法证明的素数排行榜第 10 位。

　　卡莫迪的想法是，公开密码解锁程序违法，但转换为素数程序就没有问题，可以公开。

　　只要将他的素数按照一定规则进行转换，就可获得破解DVD数码信息的计算机程序，因此这个程序在美国属于违法，这个素数也被称为"违法素数"。

人和数之间关系的深化

　　所有计算机程序在计算机中都是用数表示的。

　　我们都能够理解"违法计算机程序"这种说法，但要说数本身违法就让人觉得言过其实，甚至有些悲哀了。无论如何，素数本身并没有罪过。

　　有罪的正是给素数添加了各种含义的人类。

　　审视破解DVD秘钥的计算机程序DeCSS和"违法"素数，其中所暴露出的问题完全是由我们人类自己一手造成的。

　　社会和人类与数的关系将会不断得到深化。

　　我们真心祈愿人类社会不要再去玷污美丽的素数和它的神秘，美丽素数的生杀予夺就在我们人类的一念之间。

超级入门　黎曼猜想

素数第一，顶级之数

　　距今约 150 年前的情景悄然浮现在我的脑海。

　　1859 年 11 月，德国数学家伯恩哈德·黎曼（1826—1866）发表了一篇仅有 8 页的论文——《论不大于一个给定值的素数个数》，论文写道：

　　事实上，在该领域中存在着与此数量几乎相等的根，并且几乎可以肯定它们全部都是实根，当然有关这一点还需严格的证明。我个人只做过一点粗浅的研究，而且并未获得什么成果，现在我决定暂时不再进行相关证明方面的研究。这样做的理由，就是因为它与本文的研究目的没有直接关系。

——《黎曼猜想》

　　文中黎曼提到的"不再进行相关证明方面的研究"正是数学理论中至今仍未解决的难题之一——"黎曼猜想"。

　　这篇论文全文只出现过一个数字——"$\frac{1}{2}$"，但文中所含的深刻数学之谜随着时间的推移，越来越受到人们的关注。

　　◆黎曼猜想

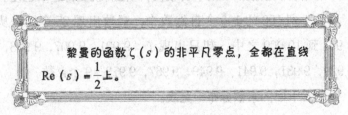

黎曼的函数 $\zeta(s)$ 的非平凡零点，全都在直线 $\mathrm{Re}(s)=\frac{1}{2}$ 上。

数学之中存在着一些至今未解的难题。希望大家不要误解，我的意思并不是"因为难解才有价值"。

黎曼猜想的最大价值在于"它是有关数的本质以及数的根源"的问题。

整数、有理数（分数）、无理数、实数等各种数的根本是自然数，可以说除自然数以外的所有数都是人类随意创造出来的"人造数"。

上帝创造了自然数，其他都是人的作品。

——克罗内克

分析自然数，我们得到了素数。素数包括 2、3、5、7、11、13 等，它们的公约数只包括 1 和自身，并且不可分解。

素数可以称为"分解自然数所得的基本粒子"，其定义虽然十分朴素，但人类通过 2 000 多年的不断探索逐渐明白，素数中充满了各种深奥的谜团。

最大的谜团就是"素数出现的规律是什么？"

这就是"素数分布问题"。

2, 3, 5, 7, 11, …

开始阶段素数出现的节奏很快，但往后就变得越来越慢。

从 1 到 100 的 100 个自然数中，素数出现 25 个。但从 9 901 到 10 000 之中，却只出现了"9 901, 9 907, 9 923, 9 929, 9 931, 9 941, 9 949, 9 967, 9 973" 9 个素数。

请看下面的素数分布一览表。

◆素数分布一览表

▼ 0 ～ 499

0	1	2	3	4	5	6	7	8	9
0	1	2	3	4	5	6	7	8	9
10	11	12	13	14	15	16	17	18	19
20	21	22	23	24	25	26	27	28	29
30	31	32	33	34	35	36	37	38	39
40	41	42	43	44	45	46	47	48	49
50	51	52	53	54	55	56	57	58	59
60	61	62	63	64	65	66	67	68	69
70	71	72	73	74	75	76	77	78	79
80	81	82	83	84	85	86	87	88	89
90	91	92	93	94	95	96	97	98	99
100	101	102	103	104	105	106	107	108	109
110	111	112	113	114	115	116	117	118	119
120	121	122	123	124	125	126	127	128	129
130	131	132	133	134	135	136	137	138	139
140	141	142	143	144	145	146	147	148	149
150	151	152	153	154	155	156	157	158	159
160	161	162	163	164	165	166	167	168	169
170	171	172	173	174	175	176	177	178	179
180	181	182	183	184	185	186	187	188	189
190	191	192	193	194	195	196	197	198	199
200	201	202	203	204	205	206	207	208	209
210	211	212	213	214	215	216	217	218	219
220	221	222	223	224	225	226	227	228	229
230	231	232	233	234	235	236	237	238	239
240	241	242	243	244	245	246	247	248	249
250	251	252	253	254	255	256	257	258	259
260	261	262	263	264	265	266	267	268	269
270	271	272	273	274	275	276	277	278	279
280	281	282	283	284	285	286	287	288	289
290	291	292	293	294	295	296	297	298	299
300	301	302	303	304	305	306	307	308	309
310	311	312	313	314	315	316	317	318	319
320	321	322	323	324	325	326	327	328	329
330	331	332	333	334	335	336	337	338	339
340	341	342	343	344	345	346	347	348	349
350	351	352	353	354	355	356	357	358	359
360	361	362	363	364	365	366	367	368	369
370	371	372	373	374	375	376	377	378	379
380	381	382	383	384	385	386	387	388	389
390	391	392	393	394	395	396	397	398	399
400	401	402	403	404	405	406	407	408	409
410	411	412	413	414	415	416	417	418	419
420	421	422	423	424	425	426	427	428	429
430	431	432	433	434	435	436	437	438	439
440	441	442	443	444	445	446	447	448	449
450	451	452	453	454	455	456	457	458	459
460	461	462	463	464	465	466	467	468	469
470	471	472	473	474	475	476	477	478	479
480	481	482	483	484	485	486	487	488	489
490	491	492	493	494	495	496	497	498	499

▼ 9500 ～ 9999

9500	9501	9502	9503	9504	9505	9506	9507	9508	9509
9510	9511	9512	9513	9514	9515	9516	9517	9518	9519
9520	9521	9522	9523	9524	9525	9526	9527	9528	9529
9530	9531	9532	9533	9534	9535	9536	9537	9538	9539
9540	9541	9542	9543	9544	9545	9546	9547	9548	9549
9550	9551	9552	9553	9554	9555	9556	9557	9558	9559
9560	9561	9562	9563	9564	9565	9566	9567	9568	9569
9570	9571	9572	9573	9574	9575	9576	9577	9578	9579
9580	9581	9582	9583	9584	9585	9586	9587	9588	9589
9590	9591	9592	9593	9594	9595	9596	9597	9598	9599
9600	9601	9602	9603	9604	9605	9606	9607	9608	9609
9610	9611	9612	9613	9614	9615	9616	9617	9618	9619
9620	9621	9622	9623	9624	9625	9626	9627	9628	9629
9630	9631	9632	9633	9634	9635	9636	9637	9638	9639
9640	9641	9642	9643	9644	9645	9646	9647	9648	9649
9650	9651	9652	9653	9654	9655	9656	9657	9658	9659
9660	9661	9662	9663	9664	9665	9666	9667	9668	9669
9670	9671	9672	9673	9674	9675	9676	9677	9678	9679
9680	9681	9682	9683	9684	9685	9686	9687	9688	9689
9690	9691	9692	9693	9694	9695	9696	9697	9698	9699
9700	9701	9702	9703	9704	9705	9706	9707	9708	9709
9710	9711	9712	9713	9714	9715	9716	9717	9718	9719
9720	9721	9722	9723	9724	9725	9726	9727	9728	9729
9730	9731	9732	9733	9734	9735	9736	9737	9738	9739
9740	9741	9742	9743	9744	9745	9746	9747	9748	9749
9750	9751	9752	9753	9754	9755	9756	9757	9758	9759
9760	9761	9762	9763	9764	9765	9766	9767	9768	9769
9770	9771	9772	9773	9774	9775	9776	9777	9778	9779
9780	9781	9782	9783	9784	9785	9786	9787	9788	9789
9790	9791	9792	9793	9794	9795	9796	9797	9798	9799
9800	9801	9802	9803	9804	9805	9806	9807	9808	9809
9810	9811	9812	9813	9814	9815	9816	9817	9818	9819
9820	9821	9822	9823	9824	9825	9826	9827	9828	9829
9830	9831	9832	9833	9834	9835	9836	9837	9838	9839
9840	9841	9842	9843	9844	9845	9846	9847	9848	9849
9850	9851	9852	9853	9854	9855	9856	9857	9858	9859
9860	9861	9862	9863	9864	9865	9866	9867	9868	9869
9870	9871	9872	9873	9874	9875	9876	9877	9878	9879
9880	9881	9882	9883	9884	9885	9886	9887	9888	9889
9890	9891	9892	9893	9894	9895	9896	9897	9898	9899
9900	9901	9902	9903	9904	9905	9906	9907	9908	9909
9910	9911	9912	9913	9914	9915	9916	9917	9918	9919
9920	9921	9922	9923	9924	9925	9926	9927	9928	9929
9930	9931	9932	9933	9934	9935	9936	9937	9938	9939
9940	9941	9942	9943	9944	9945	9946	9947	9948	9949
9950	9951	9952	9953	9954	9955	9956	9957	9958	9959
9960	9961	9962	9963	9964	9965	9966	9967	9968	9969
9970	9971	9972	9973	9974	9975	9976	9977	9978	9979
9980	9981	9982	9983	9984	9985	9986	9987	9988	9989
9990	9991	9992	9993	9994	9995	9996	9997	9998	9999

很明显，从 0 到 499 的 500 个自然数和 9 500 到 9 999 的
500 个自然数的两个区域中，素数的分布数量呈减少趋势。

请大家边看一览表边思考检测某个自然数是否是素数的
具体方法。一眼望去，一下就能看出的，两位数以上素数的
个位数都是 1、3、7 或者 9。

素数无限多的问题，早在 2 000 多年前就已被古希腊数
学家欧几里得所证明。

这一证明过程十分优雅，下面介绍一下。

素数无限

假设"素数有限"，A 为"所有素数相乘的积 +1"。

因为 A 是不等于 1 的自然数，所以 A 为素数或素数的积
的数（合数）。

因为 A 大于最初假设的有限素数中最大的数，所以 A 不
是素数。

因此 A 为合数。

因为 A 为合数，所以能被假设的素数除尽，即 A 除以这
些素数的余数为 0。

但是，用任意一个假设的有限素数去除 A 的时候，余数
都为 1。

因此，"素数有限"的假设不能成立，"素数无限"得
到反证。

假设素数只有 2、3、5 这 3 个。

因 A 为"所有素数相乘的积 +1",所以等于 $2 \times 3 \times 5 + 1$ = 31。

设 31 为素数,则 31 大于素数 2、3、5,这与先前的假设相矛盾。

因此,31 为合数。

因为 31 为合数,所以能被 2、3 以及 5 除尽,但无论是 2 还是 3 或是 5 除 31 的余数都为 1。

因此,"素数只有 2、3、5"的假设不能成立。

检测素数犹如勘探石油

即便人类已知素数是无限多的,但我们所能看到的素数只不过是沧海一粟。

◆ 素数无限的证明

假设 素数只有 **2**、**3**、**5** 3 个

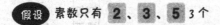

$$A = 2 \times 3 \times 5 + 1 = 31$$

① 31 为素数 ——→ 与假设矛盾 ——→ ✗

② 31 为合数 余数为 1 不是合数 ——→ ✗

$31 \div 2 = 15$ 余 1
$31 \div 3 = 10$ 余 1
$31 \div 5 = 6$ 余 1

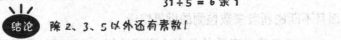

结论 除 2、3、5 以外还有素数!

随着素数的增大，素数出现的频率也变得低起来。

素数检测方法实际很不容易应用。

搜寻并发现大的素数非常困难，其困难程度类似探测深埋于地下的石油，人类为此倾注了大量智慧和精力。就像尽管我们知道地下有油，但要确定油层的具体方位却并不容易。

可以说，检测素数与勘探石油存在很多相似之处，两者都离不开超级计算机。

◆检测素数与勘探石油相似

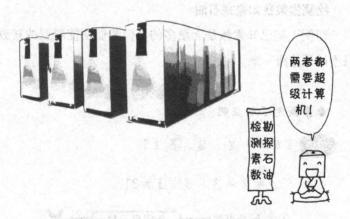

石油勘探中重要的是了解地球内部情况。

分析人工地震数据和处理图像离不开高深的数学理论和超级计算机。而素数检测也需要发挥超级计算机的威力。

1980年以来，人们不仅使用超级计算机进行石油勘探，而且不断刷新着素数检测的世界纪录。

2008年搜索素数的分布式网络计算（GIMPS）发现了超

过千万位的素数，2013 年 1 月则发现了 17 425 170 位的迄今为止最大的素数。

◆ 梅森素数检测法 2^n-1 的素数检测史

寻找最大的素数

1772年 数学家欧拉经过笔算发现

$$2^{31}-1=2\,147\,483\,647 \qquad 10 \text{ 位}$$

1985年 用于石油勘探的超级计算机发现

$$2^{216\,091}-1=7\,460\cdots8\,447 \qquad 65\,050 \text{ 位}$$

2013年 GIMPS 发现

$$2^{57\,885\,161}-1=581\,8\cdots5\,951 \qquad 17\,425\,170 \text{ 位}$$

人类智慧面临素数的艰巨挑战，检测素数的困难远超我们的想象，即使在超级计算机面前，素数也是一个难以对付的对手。

例如：将 30 分解为素因数 $2\times3\times5$ 相对简单，但怎么样才能让它等于 12 347 呢？

检测素数及分解因数一般难以用心算完成（顺便提一下，12 347 是素数），数字再大一些，甚至连超级计算机都需要花费极长的时间。

数的强度就是安全的强度？

可以说"数是强硬的"。

要破开巨大的数，不仅需要巨大的机器和超常的毅力，而且需要巨额费用。

现在，有种技术反其道而行之，把这种困扰人们的"数的强硬"利用起来，构建信息安全系统，网络安全中的密码技术的关键就是"强硬的数"。人类经过不断努力破解大数，积累了数量庞大的研究成果，为建立现代密码技术打下了坚实的基础。当然，这些技术也会随着更大素数的发现而不断更新。

假如某一天，千位数的素因数分解法被发现，那么这将是具有划时代意义的重大事件，它将有可能使现在的网络世界从根本上瞬间崩溃。

素数孤单而高傲，不会轻易让人接近，仅有区区数千年文明的人类，恐怕现在连它的脚尖还未能触及。

尽管这样，人类还是对素数着迷，努力挑战它的神秘。有趣的是，近几十年来，我们以素数的未解之谜为基础，构建起了现代信息社会。

素数在英语中叫作"prime number"。"prime"一词除"最初的、根本的"意思之外，还表示"最重要的、最高层次的、杰出的"等含义，它不愧是数的世界的圣母——"prima"（意大利语）。

发现素数的出现规律

什么是黎曼猜想?

素数是一个挡住了我们视线的庞大存在。

黎曼猜想在和素数的出现规律有关的问题上显得至关重要,有着巨大的价值。黎曼猜想的证明,预示着潜藏在素数深层的黑暗部分将被揭开。

让我们再次把目光投向黎曼猜想吧。

黎曼的函数 $\zeta(s)$ 中非平凡零点全都在直线 $\text{Re}(s)=\frac{1}{2}$ 上。

黎曼猜想之所以难解,原因之一是通篇没有一句话提到过素数,尽管黎曼猜想是关于素数的理论。

取而代之的,是"黎曼 ζ 函数""非平凡零点""直线 $\text{Re}(s)=\frac{1}{2}$ 上"等问题,而且还充满了平时闻所未闻、见所未见的用语。

◆**素数定理**

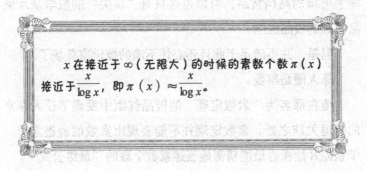

x 在接近于 ∞(无限大)的时候的素数个数 $\pi(x)$ 接近于 $\dfrac{x}{\log x}$,即 $\pi(x)\approx\dfrac{x}{\log x}$。

这一定理于 1760 年由欧拉发现，1896 年由阿达马和瓦莱 – 普森证明。

即使黎曼猜想就像是咒语一般，但我们还是试着向解释黎曼猜想发起了挑战。

在 1859 年的论文《论不大于一个给定值的素数个数》中，黎曼所想要揭示的是有关素数的个数问题。

实际上在早于此约 100 年的 1760 年，欧拉便首次提出了"素数的个数"的概念。那便是上述素数定理。

$\pi(x)$ 指的是 "x 以下所包含的素数的个数"。在之前的表格当中已经介绍过（见第 139 页），随着数字的增大，素数的出现概率只会越小，其正确的表述方式为上述公式。

继欧拉之后，高斯、勒让德、狄利克雷、切比雪夫几位著名的数学家都曾有过同样的发现。

"什么！居然掌握了素数的出现规律！"

想必读者们都是这样想的吧。

素数定理就像是散发着芳醇香气的高级红酒一样，并非唾手可得的高档货品，可以说是只有"顶尖"的数学家才能品味到的极品红酒。

但是，并不满足于此且还心怀不满的数学家登场了。

那人便是黎曼。

他在那名为"素数定理"的极品红酒中发现了让人在意的味道欠佳之处。素数定理并不能表现出素数的通透之美。于是他开始探寻最能精密地表述素数个数的"最终公式"。

后来，他创造出了杰作"黎曼素数公式"。

该公式虽说是在素数方面十分详尽的究极公式，但看上去却要比素数定理更加复杂。

◆黎曼的素数定理

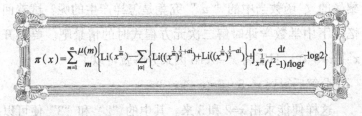

$$\pi(x)=\sum_{m=1}^{\infty}\frac{\mu(m)}{m}\left\{\mathrm{Li}(x^{\frac{1}{m}})-\sum_{|\alpha|}\left\{\mathrm{Li}((x^{\frac{1}{m}})^{\frac{1}{2}+ai})+\mathrm{Li}((x^{\frac{1}{m}})^{\frac{1}{2}-ai})\right\}+\int_{x^{\frac{1}{m}}}^{\infty}\frac{dt}{(t^2-1)t\log t}-\log 2\right\}$$

1859 年由黎曼发现，1895 年由曼格尔特提出详细证明。

伯恩哈德·黎曼（1826—1866）

在公式最中间的部分可以看到"$\frac{1}{2}+ai$"和"$\frac{1}{2}-ai$"，该部分与黎曼猜想有着密切的关系。也就是说"i"是作为"$i^2=-1$"的虚数。

素数的个数"$\pi(x)$"是指将"a"全部求和之后的结果（∑为求和符号）。

即是说，要表现出穷尽的素数的个数，"ai"是十分必要的。

那样的话，这个必要的"a"究竟是从哪儿来的呢？

这就是"黎曼的 ζ 函数"。

ζ 函数的零点探寻之旅

关键词 ① "ζ 函数"

黎曼猜想中所提到的"黎曼 ζ 函数"终于登场了，而黎曼的 ζ 函数当中的 "a" 究竟是怎样产生的呢？试着回忆一下中学数学课时解二次元方程式时的情景吧。要解开 $x^2-5x+6=0$ ，只需将 x^2-5x+6 因式分解就可以了。

分解后得到 $x^2-5x+6=(x-2)(x-3)$ 。

这样便能求出 $x=2$ 和 3 来。其中的 "2" 和 "3" 便可以看作函数 x^2-5x+6 的零点。也就是说，零点也可以看作方程式的解。从字面意思上来看，函数的零点也只是区别于方程式的解的概念而已。若是作为 "解"，比起 "ζ 函数 $\zeta(s)$ 的零点" 来，把它看作 "方程式 $\zeta(s)=0$ 的解" 可能会更容易理解。若将零点的零看作 "=0" 的意思的话，便可将 "函数中的 x" 理解为零点了。

◆ 欧拉为探明 ζ 函数的真相进行了尝试！

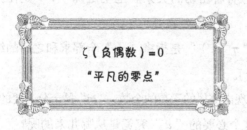

ζ（负偶数）=0

"平凡的零点"

欧拉（1707—1783）

下面有请它作为主角登场吧。

$\zeta(s)=\dfrac{1}{1^s}+\dfrac{1}{2^s}+\dfrac{1}{3^s}+\dfrac{1}{4^s}+\dfrac{1}{5^s}+\dfrac{1}{6^s}+\dfrac{1}{7^s}+\dfrac{1}{8^s}+\dfrac{1}{9^s}+\dfrac{1}{10^s}+\cdots$ 的零点，

是方程式 $\zeta(s)=\dfrac{1}{1^s}+\dfrac{1}{2^s}+\dfrac{1}{3^s}+\dfrac{1}{4^s}+\dfrac{1}{5^s}+\dfrac{1}{6^s}+\dfrac{1}{7^s}+\dfrac{1}{8^s}+\dfrac{1}{9^s}+\dfrac{1}{10^s}+\cdots=0$

的解。

究竟又有谁能解开这样的方程式呢？

欧拉作为最早发现素数定理的人，还发现了 ζ 函数。自那时起，欧拉便已看穿了 "ζ 函数的零点" 问题。

欧拉对 ζ 函数的真相做了彻底的调查并找到了它的零点，是值为 "$-2, -4, -6, \cdots$" 的负偶数。这些数字被称为 "平凡的零点"。

那么 "非平凡的零点" 究竟又是什么呢？

关键词 ② "非平凡的零点"

欧拉在对 ζ 函数的研究中最重大的发现，便是函数与素数的关系。简单说来就是 "ζ 函数能由素数构成"，对 ζ 函数进行计算就能获得有关素数的信息。

黎曼对欧拉所发现的 ζ 函数做了详细的进一步分析，将欧拉所未能实现的问题变为了可能。就连天才欧拉所未能看破的另一个 "ζ 函数的零点"，最终也被黎曼发现。

至此，黎曼最终揭开了连欧拉都未能察觉的 ζ 函数的真面目。

有关黎曼所发现的 "ζ 函数的零点" 请看下页中的曲线图。

让我们再一次回顾黎曼所说的话吧。

第三部分

迷人的超值数学

我在进行了一系列略显粗糙且没有任何成果的尝试之后，发现这在目前是无法进行证明的。

——黎曼

ζ 函数的真面目究竟是什么？

$$\frac{1}{1^s}+\frac{1}{2^s}+\frac{1}{3^s}+\frac{1}{4^s}+\frac{1}{5^s}+\cdots=\frac{2^s}{2^s-1}\times\frac{3^s}{3^s-1}\times\frac{5^s}{5^s-1}\times\frac{7^s}{7^s-1}\times\frac{11^s}{11^s-1}\times\cdots$$

自然数的加法总和∑ = 素数的乘法总积∏

◆将"ζ 函数的零点"画成曲线图形式

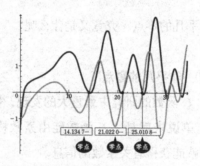

◆ ζ 函数的零点陆续地被发现了！

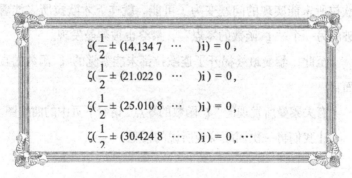

$$\zeta(\frac{1}{2}\pm(14.134\ 7\ \cdots\ )i)=0,$$

$$\zeta(\frac{1}{2}\pm(21.022\ 0\ \cdots\ )i)=0,$$

$$\zeta(\frac{1}{2}\pm(25.010\ 8\ \cdots\ )i)=0,$$

$$\zeta(\frac{1}{2}\pm(30.424\ 8\ \cdots\ )i)=0,\ \cdots$$

他那"略显粗糙的尝试"可谓前人未涉足的零点探查之旅，称得上是能与麦哲伦完成环游世界匹敌的伟业。

多位数学家通过共同努力，历时 50 多年最终完成了验证和完整的证明。ζ 函数的零点被相继发现。

如上页图所示。

所有的零点均表现为"$\frac{1}{2} \pm ai$"的形式，并且，我们可以把在复素数的范围中发现的零点看作"不明确的零点（非平凡的零点）"。

关键词 ③ "直线 Re（s）= $\frac{1}{2}$ 上"

继续来看黎曼的话吧。

实际上，在这个领域内存在着数量与之几乎相同的实根，并且我们几乎可以断定这些根均为实根。

——黎曼

此处的"实根"指的是"$\frac{1}{2} \pm ai$"的实数 a。黎曼猜想中有关 ζ（s）的零点，除欧拉发现的平凡的解 $(-2,-4,-6,\cdots)$ 之外均为"$\frac{1}{2} \pm ai$"。

这就表明了"零点在 Re（s）= $\frac{1}{2}$ 上"。

可是，黎曼所说的这句话，至今为止都没有得到证明。

通过使用电子计算机不断进行零点的探寻，至今为止已经确认了在"$\frac{1}{2} \pm ai$"上有 15 亿个零点。

◆ 非平凡的零点

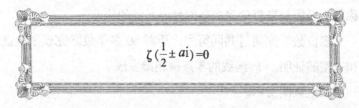

$$\zeta\left(\frac{1}{2} \pm ai\right) = 0$$

其中 "$\frac{1}{2}$" 这个数字正处在 0 与 1 的正中，为何 ζ 函数中的非平凡的零点全都在 "$\frac{1}{2} \pm ai$" 上呢。

这便意味着，所谓黎曼猜想同时也是一个关于 $\frac{1}{2}$ 的谜题，黎曼猜想的证明正是有关 $\frac{1}{2}$ 的理由的证明。

虽然这证明了 ζ 函数的零点是在 0 与 1 之间，但就像是 0.1 与 0.9 之间一样，这个范围是无法缩小的。

黎曼猜想自 1859 年提出开始已经过了 150 年，而其间可以说是毫无进展可言，由此可见解决这个问题十分困难。

黎曼的目标始终是要探明素数的个数。若是能找齐所有的 ζ 函数的零点的话，会发现素数的个数比素数定理更加精确。

此时对于 "ζ 函数的所有零点" 的思考究竟有何深远的意义，就连黎曼也不得而知。

1994 年，经过 350 年以上才解开的费马大定理，也是以 ζ 函数为契机才得以解答的。

目前人类正向黎曼 ζ 问题的核心一步步靠近。

21 世纪的欧拉一定会出现，也许我们离打开沉重的门扉一览门外风景的日子已经不远了。

黎曼猜想是不是"调和中的素数"？

素数的调和即宇宙的调和

最后让我们再一次把目光转回素数分布一览表（见第139页）。素数的出现规律是不是特别难以捉摸呢？

可是，若将这些乍一看排列得杂乱无章的素数全部统计起来的话，会发现它们之间是存在着调和关系的。那便是黎曼猜想。

历史总是教导着我们。

继毕达哥拉斯等人发现了"将数字杂乱地排列开来，就会产生素数"之后，德谟克利特便提出了"原子论"。

毕达哥拉斯提出了"万物皆数"理论。

如果他所说的是事实的话，那么"素数的调和能够被证明"这个理论，甚至能够证明万物也就是这个宇宙也是调和着的。

那便意味着我们的宇宙是一个如黄金般的（最高级）存在。

葡萄酒里那一个个的原子乍一看也像是分散的存在，但若以某种法则将它们组合起来的话，就能化作芳醇的香气和极致的味道，这是凭人类的能力无法实现的。

在希腊神话当中，酒神巴克斯说着"用这个去酿酒吧"，并将葡萄赐予了人类。在酿酒的过程中，虽然需要人在能力范围内尽心尽力地进行操作，但要说到葡萄的一个个原子是如何在酒樽中反应最后变成酒的，那是人类的能力所无法控制的。

尽管如此，我们依然能够品尝到酿造好的葡萄酒，还能判断其是否是高档品，并辨别味道的好坏。

素数就像红酒一样

素数便是经过精心调和之后的产物。

那可称得上是"数字世界的红酒"。

"素数是高档的数字"，品尝过后人们给出了这样的评价。

在这其中，将"高档的素数"的一切收入囊中且具有美妙味道的，便是"素数的调和"。

——《黎曼猜想》

大约在 1863 年前，黎曼不仅品尝了数字的琼浆，而且了解到了它最为精华的部分。但他并没再做更深层次的品味，只留下一句"现在还不是品尝其真谛的时候"，便在 40 岁时与世长辞了。

继黎曼之后，我们品尝到了 ζ 函数中堪称精华中的精华的"零点"的味道。

可是，为了确认黎曼猜想的正确性，我们绞尽了脑汁，面对的却是几乎没有本质上的进步这一严峻的问题。

如今的 21 世纪是解决黎曼猜想的前夜。在未来的某一天，我们一定能看到数字的真正面貌，还能品尝到"素数的调和"真正的味道。

届时再来考虑如何掌握品味黎曼猜想的方法的话，可能会为时已晚。所以我们不如趁现在好好品味"素数的调和"的乐趣吧。

真希望能在欢庆的日子来临之际，一边高举酒杯一边享受"素数的调和"的乐趣。

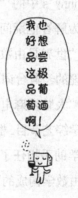

后　记

世界是由数学构成的。

阅读至此的读者们，大家若能理解本书中哪怕只字片语的内容的话，对于我来说也是喜出望外的事。

在 2012 年，各大媒体都报道了"世界是由数学构成的"这一让人耳目一新的观点。对于像我这样的科学助理来说，可谓感慨颇深。

这句话与 NHK 制作的 3 个数学节目颇有渊源，其中的"堂本光一的小科学"（综合）算是其契机。这个节目由偶像组合 Johnny's 中的"第一科学宅"堂本光一担任主持人，我有幸成为解答他疑问的 3 名科学助理之一。自从在这个节目中说过"世界是由数学构成的"之后，这句话便成为了此后科学助理的经典台词。

"大脑发麻电视节目"是由谷原章介和释由美子所主持的数学综艺节目，根上生也老师（横滨国立大学研究生院教授）和数学助手担任了数学指导。节目也是以谷原先生说出"世界是由数学构成的"开始的。

"Rules~ 美丽的数学 ~"（节目名称，E 电视台）是以数学家们眼中的世界为焦点所做的节目。该节目试图揭示数学中的奥秘，让人们了解存在于自然界中的奇妙现象，并对这些现象做出科学解释。在介绍的过程中，主持人将观众带入了一个美丽而又深邃的数学世界。我认为这是只有在科学助理的帮助下才能完成的节目。

"世界是由数学构成的"这句话，就连教科书里也在使用。

由根上生也老师所主持编写的高中数学教科书《数学活用》（启林馆）（作为科学助理的我也是其中的作者之一）的特点，正是体现了"世界是由数学构成的"这句话的含义。

这本教科书中并未出现"使用学过的公式，按特定的步骤进行计算"这类形式传统的问题，而是着眼于寻找潜藏在谜题般的问题中的数理构造，在其中找寻一般的解法，探求日常生活中究竟隐藏着怎样的数学知识。这3点便是该书的重点。

我在作为科学助理在大学的教学、一年80次左右的演讲、图书的写作还有报纸连载等几乎所有工作中，都曾说过"世界是由数学构成的"，从而将这句话的魅力传达给了更多的人。

至此，我终于成功地将"世界是由数学构成的"这一理念推向了全世界。这全仰仗于关注数学的读者们的帮助。

当然，这句话所具有的大部分意义并未完全传达到位，今后也还有许多理念想要传达给大家。

今后我作为科学助理也将不断给大家带来有关数学的讲解。

　　PHP 出版社编辑部的田畑博文老师以及编辑的协助者神保幸会老师，都为了至今为止出版的《有趣得让人睡不着的数学》《有趣得让人睡不着的数学 2》尽了全力。多亏了他们与编者团结一致，这个系列才得以最终完成。在此深表谢意。

樱井进

2013 年 6 月

参 考 文 献

[1] 日本数学会.岩波新书词典（第四版）[M].日本：岩波书店.

[2] 青本和彦等.岩波数学入门词典 [M].日本：岩波书店.

[3] 史蒂芬·R.柯维.一松信编译.数学定数词典 [M].日本：朝仓书店.

[4] 新村出.广辞苑 [M].日本：岩波书店.

[5] 小西友七，南出康世.天才英日大辞典 [M].日本：大学馆书店.

[6] 片野善一.数学用语与符号的故事 [M].日本：裳华房.

[7] 艾尔弗雷德·W.克罗斯比.小泽千重子 译.数量化革命 [M].日本：纪伊国屋书店.

[8] 佐藤健一译、校对.《尘劫记》初版——影印、现代文字以及现代语翻译 [M].日本：研成社.

[9] 根上生也.数学活用 [M].日本：启林馆.

[10] 平林幹人译.黎曼猜想 [M].日本：日本讲谈社.

[11] 高木贞治.近代数学史谈·数学杂谈（复刻版）[M].日本：共立.

[12] 维金科.数学名言集 [M].日本：大竹.

[13] 樱井进.有趣得让人睡不着的数学[M].日本:PHP出版社.

[14] 樱井进.超有趣得让人睡不着的数学[M].日本:PHP出版社.

[15] 樱井进.超有趣得让人睡不着的数学2[M].日本:PHP出版社.